U0078994

有關生物的那些事

益智館 23

有關生物的那些事

編著　張文碩
責任編輯　陳慶霖
內文排版　王國卿
封面設計　林鈺恆

出版者　培育文化事業有限公司
信箱　yungjiuh@ms45.hinet.net
地址　新北市汐止區大同路3段194號9樓之1
電話　（02）8647-3663
傳真　（02）8674-3660
劃撥帳號　18669219
CVS代理　美璟文化有限公司
TEL／(02)27239968
FAX／(02)27239668

總經銷：永續圖書有限公司
永續圖書線上購物網
www.foreverbooks.com.tw

法律顧問　方圓法律事務所　涂成樞律師
出版日期　2018年08月

國家圖書館出版品預行編目資料

有關生物的那些事 / 張文碩編著.-- 初版.
-- 新北市 : 培育文化, 民107.08
面 ;　公分. -- (益智館 ; 23)
ISBN 978-986-96179-4-9 (平裝)
1. 生物 2. 通俗作品
360　　107009612

CONTENTS

PART 1 有關植物王國的故事

PART 2 有關動物世界的故事

CONTENTS

PART 3 有關人體的故事

PART 4 有關微生物的世界

PART 5 有關生物界的未解之謎

Part 1 有關植物王國的故事

大自然因植物而變得多姿多彩，遍布整個地球的植物組成了天然的氧氣供應站——森林，鋪展成綠色的地毯——草原。從茂密的熱帶雨林，到冰天雪地的南北極；從蔚藍的海洋湖泊，到乾旱的沙漠戈壁，到處都有植物奇蹟般生長的身影。到現在為止，科學家還很難給植物下一個準確的定義。

有人或許會說，有葉綠素能透過光合作用自己製造營養物質就該算是植物的最大特徵。但是，腐生植物、寄生植物還有某些菌類植物卻是例外。

目前，植物學家沿用的分類系統將植物分成低等植物和高等植物兩大類，也有的生物學家正準備建立新的分類系統，將菌類歸於微生物界。如果按目前的分類法，低等植物包括藻類、菌類和地衣三大類型，因為它們在形態方面都沒有根、莖、葉的分化，所以又名原植體植物。而高等植物主要包括苔蘚、蕨類和種子植物三大類，有根、莖、葉的分化，所以又稱為莖葉植物。

植物除了提供給人重要的糧食外，還透過光合作用為人類製造氧氣；它還能調節氣候，防止水土流失等自然災害的發生。除此之外，我們吃的水果、蔬菜，喝的飲料，用的工業原料，穿的衣服，甚至欣賞的花朵，這些都是植物的傑作。

01 第一粒種子的媽媽

我們腦中經常會有這樣的疑問：我是從哪來的？從媽媽肚子裡來的。媽媽是從哪來的？從外婆肚子裡來的。那外婆又是從哪裡來的？

有一天，小黃豆苗也問了路邊的馬尾草同樣的問題。馬尾草告訴小黃豆苗，它曾聽研究所的學生說過這個問題。研究所的學生說：經過科學家的大量研究發現：種子是由非生命物質氮、氫、氧、碳四大元素演化而來的。那是距今60億年前，當時地球上沒有任何生命現象，只是被含上述四種元素的氣體所包圍，伴隨著環境的變化，這四種元素不斷地進行著化合、分解等各種化學變化。到了30多億年前，地球上出現了細胞，但那時的細胞沒有細胞核，又經歷了大約20億年，細胞才具有完整的細胞核。大約在三、四億年前，地球出現陸地，隨著陸地植物的不斷進化，有些植物開始用孢子繁殖。孢子植物開始時不分雌雄，後來，植物中出現了大小不同、雌雄有別的兩種孢粒種子就這樣誕生了。聽完馬尾草的敘述後，小黃豆苗高興極了，它終於弄懂了自己最早最早的祖先是誰。

知識點睛

種子植物的種子由種皮、胚和胚乳3部分組成。種皮由珠被發育而成，主要功能是保護胚和胚乳；胚由受精卵發育而成，發育完全的胚由胚根、胚軸、胚芽和子葉組成，將來會發育成植株的各個部分；胚乳則負責為種子生長提供營養。

眼界大開

1. 在安第斯高原上，長著一種多年生鳳梨科草本植物。據說，這種花100年只開放1次，開花後便枯萎而死。這種奇特的植物名叫「普雅・雷蒙達」，它的花穗約有8000朵花，芳香撲鼻，可結650萬粒種子。

2. 成熟而有生命力的種子，如果沒遇到適宜的條件，便會保持一種「沉睡」狀態，暫時不發芽，這種現象被稱作休眠。在休眠期間，種子新陳代謝緩慢，處於相對靜止狀態，但是仍然保持生命力。蓮的種子是植物界的「壽星」，它可以休眠上千年而生命依舊鮮活。

02 大樹底下開花早

麗麗的家門前有條小河，在小河的南岸是一片小樹林，那裡就是麗麗和玩伴們的樂園。幾場春雨過後，樹下面的草地上開出了各式各樣的小花，遠遠看去就像點綴在草地上的小星星，煞是可愛。

有一天下午放學後，麗麗和玩伴們又來到小樹林玩耍，不知是誰無意中問道：「為什麼花兒都開了，樹的葉子卻還沒有長出來呢？太懶了！」玩伴們抬頭看了看，光禿禿的樹幹上只有一些黃色的芽。玩伴們看了一會兒後又低頭嬉戲去了，不久就把這件事拋在腦後了。

傍晚，玩伴們都回家了。吃飯的時候，麗麗突然想起了這個問題，於是就去問當老師的媽媽。媽媽聽後笑了，她告訴麗麗，花兒之所以這麼早開花，就是要吸引昆蟲來給它們傳粉。如果樹木冒出新芽，長滿枝葉後就會遮蔽大部分光線，這樣無論花朵再怎麼爭奇鬥艷都無法吸引昆蟲來傳粉。

媽媽還告訴麗麗，生長在沙漠地區的植物，由於白天乾熱，精緻脆弱的花兒就容易被灼傷，而且負責傳粉的昆蟲也很少在烈日下活動。所以這些花兒就選擇在夜裡開花，花兒大多是白色的，並且帶有很濃烈的香味。在生物密度不是很大的沙漠中，很多昆蟲會因此聚集過來，為花兒傳粉。

第二天一大早，麗麗就把這些告訴了玩伴們，大家都長知識了。

知識點睛

摘一朵桃花來進行觀察。花的下面有形似短柄的花柄。花柄的上面杯狀的是花托。花托最外面五個綠色的小瓣片叫做萼片，組成花萼，包著未開的花蕾。花蕾裡面有五片粉紅色的花瓣組成的花冠。

花萼和花冠合稱花被。在裡面有很多一條一條棒狀的東西叫雌蕊，線狀的叫花絲，頂端帶黃色的小球叫花藥。

花中央那個長頸瓶狀的東西是雄蕊，下面膨大的部分在植物學上叫做子房。子房頂上有棒狀的花柱和膨大的柱頭。

眼界大開

1. 在印尼的爪哇島和蘇門答臘島等地，有一種世界上最大的花——大王花，它的花直徑可達1.4公尺，重6公斤～7公斤，最大的花重50多公斤。它的紅色花瓣有30～40公分長，厚20公分。在5片又肥又厚的花瓣中央有一個圓口大蜜槽，高約30公分，直徑約33公分，可盛5～6公斤蜜汁。

2. 大王花是單朵花中最大的，但由許多花組成的花序中，最大者卻是巨魔芋。巨魔芋的肉穗花序長達2公尺，比一個人還高。

03 花兒的紅娘

在明媚的陽光下，萬紫千紅的花叢中，我們常常會看到許多蝴蝶在翩翩起舞，小蜜蜂和許多小甲蟲也會在花叢中忙忙碌碌。原來，這是花兒在請昆蟲們幫忙傳播花粉呢。

一天冬冬問蘭蘭是否知道花兒是怎樣吸引昆蟲的，蘭蘭搖頭說不知道，冬冬就煞有介事地告訴蘭蘭：「花兒吸引昆蟲也有很多方法。」然後他就給蘭蘭舉了好多例子。冬冬說有的花是鮮艷的顏色。當花瓣在微風裡搖擺時，就吸引了昆蟲們的注意。而昆蟲對顏色的愛好是不一樣的，蝴蝶偏愛紅色和橙色的花兒；小蜜蜂則喜歡黃色、藍色和白色的花兒。

有的花兒有著濃烈的香味，就像一道菜餚的美味一樣，也能召喚很多昆蟲。特別是一些夜晚開花的植物，因為在黑暗中，顏色很難辨認，所以它們透過花香來吸引昆蟲，讓昆蟲為它們傳粉。

還有的花兒能產生花蜜，花蜜中富有含葡萄糖和其他營養物質，昆蟲們喜歡吸食花蜜來補充營養，特別是蜜蜂，牠們能採集花蜜，釀造成甜美的蜂蜜，供給蜂王和剛出生的蜂寶寶們吃。而牠們在採集花蜜的時候，不知不覺也為花兒充當了「紅娘」。

聽完後，蘭蘭誇獎冬冬博學，冬冬謙虛地說他也是剛從爸爸那裡得知的。

知識點睛

大王花的花朵十分美麗，在剛開花時還有點香味，後來便臭不可聞了。這種臭味引來了逐臭的蒼蠅和昆蟲為其傳粉。大王花的種子非常小，它們常黏在大象的腳下，讓大象帶它們到各地去安家落戶。

巨魔芋開花時，也會發出臭味，引來蒼蠅和甲蟲傳粉，它的花開一天便凋謝了。

眼界大開

現在對於一些不容易受粉的植物，通常要採用人工的方法，進行人工授粉，把植物花朵雄蕊的花粉傳授到雌蕊上去，使它結果。

04 不安分的樹

森林裡有一棵特別不安分的大樹，它常常想變得與眾不同。每當它環顧四周，發現自己和別的大樹長得都一樣時，它就會唉聲嘆氣。它也不時地自言自語或是把自己的想法告訴同伴，因此同伴們都管它叫「夢想家」。

這位「夢想家」每天晚上都會做夢，夢到各種稀奇古怪的事情，比如它夢見自己長著翅膀能飛啦，或是背著行囊去旅行啦，等等。一天晚上它像往常一樣進入了夢鄉，它又開始做夢了，這次它夢見自己變成了稜角分明的立方體。它高興極了，因為發現自己終於可以和周圍的夥伴分開了，自己真是與眾不同了。

正當它扭動腰肢、自我欣賞之際，狂風大作，這時候它發現任憑自己怎麼努力也站不穩腳。不到一會，它就被連根拔起。風停了，太陽出來了，它卻再也站不起來了。大樹嗚嗚地哭著從夢中醒來，同伴們都紛紛來安慰它，問它究竟發生了什麼事情。大樹抽泣著把自己的夢告訴了同伴們。

聽完它的話，一棵年齡比較大的樹爺爺說話了，它說：「孩子們，你們知道樹幹為什麼都是圓柱形的，而不是三角形、四邊形、五角形嗎？這樣自然是有它的道理的。首先，圓柱形的結構具有最大的支撐力，因為所有的形狀中，圓柱形的支撐力最強；其次，圓柱形的樹幹不存在稜角，也就不容易受到摩擦，而且它還能避免動物大肆啃食；另外，由於樹幹是圓柱形的，無論哪個方向來的風，都能一視同仁地讓它們繞過去，所以圓柱形樹幹的抗風能力也最強。所以，我們的祖先就選擇了這個形狀。此外，我們能防風固沙、防止水土流失，還能製造氧氣、消除噪音等，保護地球環境……」

樹爺爺說完之後，大家都沉默了，那位「夢想家」也靜靜地沉思起來。

知識點睛

1. 世界上最輕的樹木是輕木，乾燥的輕木每立方公尺僅重115公斤，只及普通木材的1/10，10公尺長的樹一人就可挪走，密度比做軟木塞的栓皮櫟還要小一半，是世界上最輕的樹木。輕木屬於棉科輕木屬，常綠喬木，原產南美洲及西印輕木做筏子，浮力特別大，裝載的東西特別多。

2. 蜆木是世界上最重的樹之一，將其放入水中，它會立即沉入水底，因為它的密度比水大。蜆木產於中國廣西南部、雲南東南部和越南北部，屬椴樹科植物，材質優良，色澤紅潤，不彎曲，不開裂，耐水耐腐。蜆木的年輪很特殊，一邊寬一邊窄，酷似蜆殼上的紋理，蜆木因此得名。

壽命最長的植物是在美國加利福尼亞發現的「純系之王」，估計它的年齡為1.17萬年，它是已知的木餾油植物中最古老的植物。

05 洋蔥的外套

親愛的讀者，你喜歡吃生菜沙拉，還有披薩、漢堡和牛排嗎？是不是經常會去享受一番這樣的美味呢？那你一定記得裡面的小洋蔥片吧，它可以使這些美味的誘惑力變得更大。洋蔥還可以用於烤、炸、熏、蒸或生吃。除此之外，洋蔥對我們的身體是有益無害的，因為它含有鈣、鐵、蛋白質和維生素。不過，你不覺得洋蔥的模樣實在是有些奇怪嗎？總是「穿」著一層又一層的「衣服」。

很多人都以為我們吃的洋蔥頭是洋蔥的根，其實，洋蔥並不是塊根植物，而是一種鱗莖植物。它有500多個親屬，與石蒜和百合科屬有著密切的關係，那些緊裹的「衣裳」是它的莖與葉基。洋蔥頭在生長的過程中，莖變得非常短，呈扁圓盤狀，外面包有多片變化了的葉，這種變態的莖在植物學中稱為鱗莖。因為鱗莖的緣故，所以形成了洋蔥的一層層套疊的肉質鱗片，把扁平狀高度壓縮的莖緊緊地圍起來，外側有幾片薄膜乾枯的鱗片，是地上葉的葉基。地上葉枯死後，葉片基部乾枯呈膜質，包在整個鱗莖的外面。所以，洋蔥寶寶有層層疊疊的衣服。

知識點睛

洋蔥又名蔥頭。科學測定，每百克蔥頭含鈣40毫克、磷50毫克、鐵1.8毫克、維生素C8毫克，還含胡蘿蔔素、維生素B1和尼克酸。

洋蔥幾乎不含脂肪，卻含有前列腺素A、二烯丙基二硫化物及硫氨基酸等成分。其中，前列腺素A是一種較強的血管擴張劑，可以降低人體外圍血管和心臟冠狀動脈的阻力，具有降低血脂和預防血栓形成的作用。

此外，洋蔥還含有一種天然的抗癌物質——槲皮黃素，經常吃洋蔥的人，胃癌的發病率比少吃或不吃洋蔥的人減少25%。

眼界大開

1.在古羅馬，尼祿皇帝曾讚揚洋蔥滋潤了他的嗓子。到了中世紀的歐洲，洋蔥被認為是價值最昂貴之物，常被用來比做租金付款和作為結婚禮物。

2.古代埃及陵墓上的石刻劃把洋蔥奉為神聖的物品。古代埃及人把右手放在洋蔥上起誓，因為洋蔥有一層層的圓形體，這使他們相信洋蔥是永恆的象徵。

06 人參的身材

很久很久以前，長白山的森林中生長著許多人參，這些人參是長白山下三姓人的驕傲。其中有一株多年人參已經長成人形，變為一個身著紅兜肚的小娃娃。

參娃娃常常和人間的小孩子玩耍，幫助人們做了好多的事。但是山下有一個貪心的老南蠻子設計用線拴住了參娃娃，後來善良的人間孩子巧妙地救出了參娃娃。參娃娃報答了那個小孩子，並且懲罰了那個老南蠻子。

故事中的「參娃娃」主要產於中國吉林長白山地區，是十分珍貴的中藥材，有中藥之王的美稱。人參是五加皮科多年生草本植物，地下有紡錘形的主根及鬚根，形似嬰兒，被當地人稱為「人參娃娃」。人參為何在地下長成人形呢？

在長白山茂密的森林中，人參的根在石塊多的硬土地上頑強地向下生長。當人參的主根向下生長遇到阻力時，生長就很困難，被迫分岔，向下長出兩條腿來。人參的頭則是主根的上端與莖相連部分在特殊的生長條件下形成的。

人參的莖葉每年秋末枯萎，第二年春天再在根的上部發出新芽，長出新枝，這樣，就在人參根的上部留下一道類似年輪的凹痕，凹痕上有一個眉眼和嘴巴形的凹。年復一年，每年留下一個凹痕，便形成了人參根像人頭的突起的「蘆頭」。有頭有腿，人參娃娃便有模有樣了。人們還根據「蘆頭」凹痕的多少，來確定人參的年齡。

知識點睛

中國著名的醫藥學家李時珍在《本草綱目》中談及人參根的藥效，說可治男女一切虛症，發熱自汗，眩暈頭痛，反胃吐食，渭瀉久痢，小便頻數淋漓，勞倦內傷，中風中暑，痿痹，吐血嗽血，血淋血崩，胎前產後諸病，藥效很大。

眼界大開

據報導，2006年3月9日，中國煙台市民范先生曾經從一男子手中以600元價格買了一株神奇的植物。這株植物的根部是一男一女的造型：耳朵、鼻子、四肢全部非常逼真，整個造型高約30公分，所纏繞的藤蔓約有4公尺長。

專家們對此也拿不準，有的說是千年人參，有的說是何首烏，還有位老中醫說這可能是一種藤科植物。但無論如何，長得這般酷似人形的植物的確從未有過。

07 胡楊的眼淚

樹木怎麼會流眼淚呢？你大概覺得很奇怪吧，但自然界中就是有這麼神奇的事情。暑假裡明明隨爸爸去沙漠參觀。在塔克拉瑪干大沙漠的邊緣，他看到一種十分珍貴的樹，爸爸告訴他這叫胡楊。

這種樹十分高大，樹幹上流出好多「眼淚」，彎曲的樹幹像一個弓著背的老人，無論天氣多乾旱，風沙多麼猛烈，它始終堅定地站在那裡。它雖然其貌不揚，卻有著極強的生命力。

爸爸告訴明明，胡楊耐乾旱，耐鹽鹼，抗風沙，能在年降水量只有十幾毫米的惡劣自然條件下生長。當地維吾爾族農民說：「胡楊三千年，長著不死一千年，死後不倒一千年，倒地不爛一千年。」正是由於這種乾旱的生活環境，使它不得不在體內貯存較多的水分。如果用鋸子將樹幹鋸斷，就會從伐根處噴射出量多的黃水。如果有什麼東西劃破了樹皮，胡楊體內的水分就會從「傷口」滲出，看上去就像傷心得流淚一樣。因此當地人稱胡楊是「會流淚的樹」。

不過，它所流的「淚」很快就變成一種結晶體，叫做胡楊鹼，可以食用、洗衣，還可以製成肥皂呢！新學期開始後，明明就告訴他的同學們關於胡楊的故事。看來，明明的收穫還真不小。

知識點睛

1. 胡楊是楊樹家族中最古老的成員，早在六千多萬年前便誕生在我們這個古老的星球上。

2. 胡楊生命力極強，當地下水位不低於5公尺時即可正常生長。成年的胡楊根多可扎根土壤幾十公里。

胡楊能在40^0C的烈日中存活，也能在零下40^0C的嚴寒中挺拔而立，不怕侵入骨髓的斑斑鹽鹼，不怕鋪天蓋地的層層風沙，被譽為「不死的樹」。

眼界大開

1. 檉柳是一種植根沙漠的植物，它耐乾旱與鹽鹼，原產於歐亞大陸，到了18世紀末作為遮陽、木料和防洪的樹種被引進中國。檉柳屬植物有許多種，是一種改造沙漠、固定流沙的良好樹種。它的枝條被沙埋後，能夠產生不定根，既能提高吸收水分和養分的能力，又能起到一定的固沙作用。

2. 沙拐棗為灌木或半灌木，廣布於中國新疆。常生於沙漠或沙漠邊緣，抗旱、抗風沙，可耐輕、中度鹽鹼環境，是新疆沙漠植被中的重要群種之一，是防風固沙的優良樹種，目前，已用於沙漠公路道路綠化。

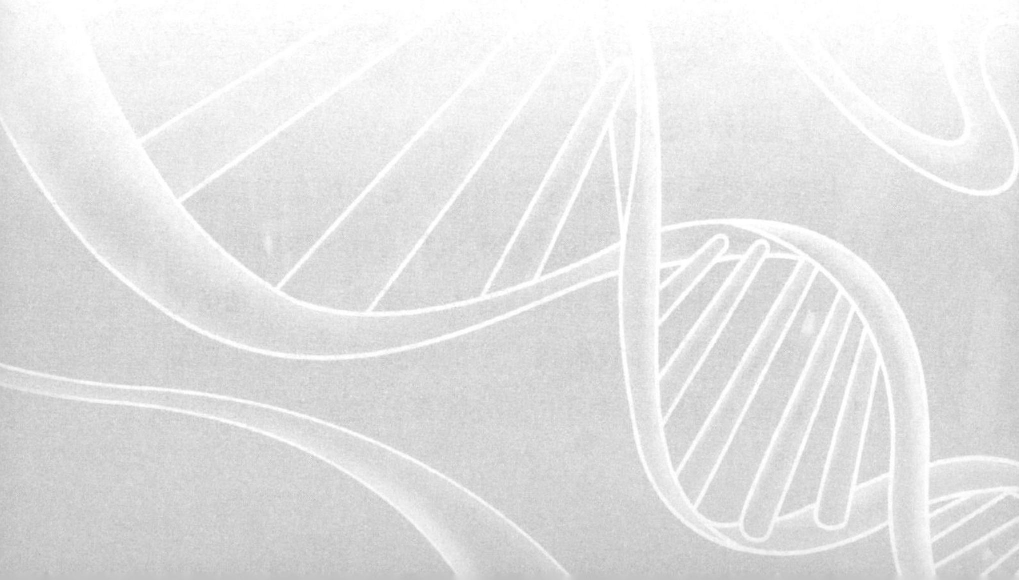

08 光棍樹的生命力

植物國中有幾棵光棍樹，這些樹無論春夏秋冬總是光禿禿的，全身上下沒有一片綠葉，只有許多圓棍狀肉質枝條，也因此，人們稱它們為「光棍樹」。

春夏時節，正是綠色植物枝繁葉茂的時候，其中有一棵頂小的光棍樹非常渴望有一天自己也能長滿綠葉，但它就是不知道自己為什麼無論多努力吸收養分都無法長出綠葉。小光棍樹很苦惱，它想解開這個謎團，有一天它就向一位植物學家詢問這件事的原因。

聽完小光棍樹的問話後，植物學家笑了，他說：「你們的故鄉在東非和南非，那裡氣候炎熱，乾旱缺雨，蒸發量非常大。在這種嚴酷的自然條件下，葉子越來越小，最後逐漸消失，就變成今天這副模樣了。你們沒有了葉子，就可以減少體內水分的蒸發，避免了被旱死的危險。不過你們雖然沒有綠葉，但你們的枝條完全可以代替葉子進行光合作用，製造出供植物生長的養分，這樣你們就能長大了。」

知識點睛

光棍樹屬大戟科植物，含有很多高級碳氫化合物，可以為人們提供「綠色石油」。

眼界大開

1. 可配巴——是一種柴油樹，為高大喬木，高達30多公尺，只要在它的樹幹上鑿一個窟窿，晶瑩的「柴油」就可流出，這種油可以直接用來發動柴油機。

2. 續隨子——這是一種生長在半乾旱荒漠地區的多年生灌木，也稱美洲香槐。它能耐瘠薄土壤。將它齊地面割下，泡在水中，能得到一種碳氫化合物和水的乳濁液，經簡單加工，可以得到類似石油的燃料油。

09 勝過火箭的「花粉噴射器」

蘭蘭和冬冬的家很近，而且他們兩個在同一個班讀書，因此就成了非常好的朋友。但是有時好朋友也會為了一點事情而爭吵，這天，他們又吵得不可開交了。這次又是為了什麼呢？原來，他們在爭吵的是火箭與御膳橘誰才是冠軍的問題。

對此，兩個玩伴意見不合：冬冬說御膳橘是冠軍，而蘭蘭卻偏偏說火箭才是冠軍。最後，他們去找了學校的生物老師王老師來評理。聽完他們的述說後，王老師告訴他們冬冬是對的。御膳橘噴射花粉的速度比火箭發射速度還要快幾百倍呢！

王老師接著告訴蘭蘭和冬冬，這種御膳橘生長在加拿大，是山茱萸的一種，最高的只有20公分。對於如此「矮小」的身材，傳播花粉成了它的一大難題。

為了解決這一難題，御膳橘巧妙地運用了瞬間爆發力，就和我們利用彈弓彈射石子同一個道理，只不過它噴射出去的是花粉而已。科學家們用高速攝像機捕捉了御膳橘彈射花粉的瞬間，發現它噴射花粉的全過程僅有0.5毫秒！而在最初的0.3毫秒中，御膳橘的雄蕊能加速到2400g的重力加速度，相當於太空人在起飛時承受重力的800倍！這樣的爆發力能將花粉噴射到2.5公分範圍的空氣中，再借助風吹送至1公尺外的地方，進而大大提高了花粉繁殖的機率。

毫無疑問，御膳橘花粉的「閃電噴射」是已知植物界中的最快速度！所以御膳橘是理所當然的冠軍。

知識點睛

以風為媒的植物在形態上有共同的特點。它們的花小，花被不美觀或者退化，沒有芳香的氣味，也沒有蜜腺。但是它們都擁有大量的花，並產生驚人數量的粉狀花粉。它們的花粉粒小而乾燥，重量也極輕。

有些植物，每一粒花粉上都具備一個氣囊，這種氣囊能借助風的力，飄遊到各地。它們能被風帶到2000公尺以上的高空，幾十公里甚至幾百公里之外。

眼界大開

一株玉米平均可產生五億顆花粉，各種香蒲的花粉更多，在印度會拿香蒲的花粉來烤製麵包和點心。松樹的花粉也不少，每當風吹過松林，林間立即升起一陣陣黃煙。

10 五千歲的「世界樹公公」

你能說出世界上體積最大的樹是什麼嗎？告訴你吧，在美國加利福尼亞州內華達山脈西坡上，生長著一小片巨杉林，這就是世界上的樹中「巨人」。

巨杉樹幹粗大筆直，高聳入雲。最高的一株巨杉高142公尺，直徑達12公尺，下部沒有枝椏，像一個高高的樹標聳立在公路旁。這株巨杉已有五千多歲，被稱為「世界樹公公」。也就是說，世界上所有的樹木和它們相比，在個頭上都只能算是孫子輩呢！

樹幹周長為37公尺，需要20多個成年人才能抱住它！人們從它的樹幹下面開了一個洞，洞中可以讓四個騎馬的人並排走過。即使把樹鋸倒以後，人們也要用長梯子才能爬到樹幹上去。它的樹樁大得可以做個小型舞台。

巨杉的歷史悠久，7000萬年前曾遍布北半球。後來，經過第四紀冰川的浩劫，只有內華達山脈上保留了一小片杉樹林，所以巨杉是世界上體積最大的樹。

知識點睛

世界上最稀有的植物莫過於中國的普陀鵝耳櫪了，因為全世界僅存一株普陀鵝耳櫪樹。這株樹生長在浙江省近海舟山群島的普陀島上。

這株稀有的植物是1930年中國著名的植物學家鐘觀光教授發現的。1932年，中國另一名植物學家鄭萬鈞教授正式將這棵珍稀寶樹定名為普陀鵝耳櫪，現為國家重點保護植物。普陀鵝耳櫪高約14公尺，胸徑60公分，樹冠寬12公尺，樹皮灰色，屬樺木科鵝耳櫪屬植物。

眼界大開

1. 最粗的樹是義大利西西里島上的一棵栗樹，樹身周長為56公尺。

2. 最硬的樹是在朝鮮和中國東北地區生長的鐵樺樹，樹幹比普通鋼板還要硬一倍，即使是步槍，在短射程內也奈何不了它。

11 神奇的麵包樹

一隻小型的黑猩猩獨自走在森林裡，牠不時停下來東張西望，像是在尋找什麼東西。突然，樹上跳下來一隻猴子，牠問黑猩猩在找什麼。黑猩猩說：「我的媽媽病了，我要出來摘些麵包給她吃，可是我不知道該去哪裡找。」

「這樣啊，你跟我來，我帶你去找。」猴子拍拍胸脯說，「我知道在哪裡。」

於是黑猩猩跟著猴子找到了那片麵包樹林，牠高興地摘著樹上的麵包。

你是不是覺得這是在做夢？但這對有些人來說是輕而易舉的。在南太平洋的馬達加斯加島上，當地居民吃的「麵包」就是從樹上摘下來的，這種樹叫「麵包樹」。麵包樹的枝條、樹幹直到根部都能結果。果實的大小不一，大的如同足球，小的形似柑橘，最重可達20公斤。麵包果的營養很豐富，含有大量的澱粉，還有豐富的維生素A和維生素B及少量的蛋白質和脂肪。人們從樹上摘

下成熟的麵包果，放在火上烘烤至黃色，就可食用。

這種烤製的麵包果鬆軟可口，酸中帶甜，口感和麵包差不多。麵包果還可用來釀酒和製作果醬，是當地居民不可缺少的木本糧食呢，所以家家戶戶都種植。

大千世界，真是無奇不有啊！

知識點睛

麵包樹的結果期很長，從當年11月一直延續到次年7月，一年可以收穫三次，每棵樹可以結麵包六、七十年。綠色的麵包果直徑有20多公分，卻可以有很多烹調方法。當地人摘下成熟的麵包果，放在火上烘烤到黃色，就可以食用，這種烤製的麵包果鬆軟可口。除此之外，還可以煎、煮、炸、蒸。

眼界大開

猴麵包樹的樹枝千奇百怪，酷似樹根。據說這和一個古老的瑪律加什傳說有關。有一次，凶神惡煞般的魔王喝醉了酒，在撒哈拉大沙漠邊撒野逞威，橫衝直撞。後來一不小心，腦袋狠狠地撞在麵包樹粗壯堅硬的樹幹上。

魔王氣得咬牙切齒，七竅生煙，他一怒之下將這種樹全都連根拔起，倒插在地上，並且命令掌管植物的地魔：「永遠讓它頭腳顛倒！」

這只是個傳說，其實猴麵包樹之所以長成這種奇異的外形，是由於對沙漠生活很強的適應性造成的，這樣的體形可以使它如海綿般迅速吸收並貯存水分。

12 紅藻的家

紅藻的家在大海的最深處，那它是怎樣生活的呢？一般的植物都是靠葉綠素，以二氧化碳和水為原料產生光合作用，由此生長、發育、繁殖的。就算是大海裡的居民，小螃蟹對此也很納悶。一天，小螃蟹和往常一樣在海邊散步，突然牠發現了遠處有一條紅色的帶子飄在淺水裡，很像紅藻。牠快步走過去打了聲招呼：「嗨，你是誰？你的家在哪裡呀？」

「我叫紅藻，住在大海的最深處，中午我正睡得迷迷糊糊，不知什麼東西把我拖到這裡。」那條紅色帶子說。

「是這樣啊，那你們在海底怎麼生活啊？」小螃蟹又問，「看起來，你沒有葉綠素，那該怎樣進行光合作用呢？」

「嘻嘻……實際上，我們海裡生長的植物也是有葉綠素的，不過含量不多。海裡和海面的情況不大一樣，蔚藍色的海水那麼深，海面有很多生物在活動，海水裡又有大量的各種鹽類，都對太陽光裡各種顏色的光線進入海水起了一定的阻擋作用。紅光只能透入海水的表層，橙黃色光能透入較深一點，綠、藍、紫色光能透入得更深一些。所以，綠藻吸收紅光，生活在最淺的地方；藍藻吸收橙黃色光，生活在較深的地方；褐藻吸收黃綠色光，生活在更深一些的地方；我們紅藻是吸收綠光的，所以，生活在最深層。一般離海面近的植物，葉綠素的含量多一點，越是深海裡的植物，葉綠素的含量越少。就像我們，葉綠素的含量比綠藻少得多。」小螃蟹聽完後點了點頭說：「原來是這樣啊！太神奇了，那你在這裡怎麼生活啊？」

紅藻聽後嘆了口氣說：「明天太陽出來後，我就會被曬死，所以我要想辦法回去。」

小螃蟹說：「我回去找我的夥伴們幫忙，送你回去。」

「那太謝謝你了。」紅藻高興地說。後來，小螃蟹和夥伴們幫忙紅藻回到了海底的家。

知識點睛

紅藻是藻類植物的一門。除少數是單細胞或群體外，絕大多數為多細胞體。藻體含有葉綠素a、葉綠素d、葉黃素和胡蘿蔔素，以及大量的藻紅蛋白和藻藍蛋白，常因各類色素的含量不同，使藻體出現不同的顏色，如鮮紅或粉紅、紫、紫紅或暗紫紅色等。

已知的約有760屬，4410種，絕大多數生長在海水中，少數生於淡水；分佈於世界各地，包括極地。中國已知的有127屬，300種，分佈於南北各海區。淡水種類極少。

眼界大開

1. 藍藻門——藍藻門植物是最簡單的植物，也是歷史上最古老的植物。藍藻在地球上的歷史可以追溯到34億年～35億年前。

藍藻進行光合作用釋放氧氣。在藍藻出現在地球上的幾十億年間，大氣中的氧氣含量不斷增加，這為其他生物的出現創造了條件。

2. 螺旋藻——螺旋藻被譽為「21世紀人類最理想的食品」。它的藻體為單一的藻絲，呈有規律的螺旋狀彎曲，整個藻絲為一個圓柱狀的單細胞。在中國，幾種螺旋藻分佈在不同的淡水水體中。

3. 海藻的大小從幾公分至幾公尺不等，最長的可以超過60公尺。

13 灰熊的木房子

冬天就要到了，胖胖的大灰熊急著找一個過冬的地方。最終，牠找到了一個大樹洞，藏在裡面美美地睡了一整個冬天。

當春天來臨的時候，大灰熊鑽出了樹洞，牠伸了個懶腰，卻突然發現這個大樹雖然空心了，卻仍然像往常一樣發出了很多嫩芽。

大灰熊想了半天也沒弄明白，於是就問站在樹枝上的灰喜鵲這究竟是怎麼回事，灰喜鵲告訴牠：植物體內有兩條運輸營養物質的運輸線，一條是位於樹皮裡面韌皮部中的篩管，它把葉片經由光合作用製造出來的有機物，向下輸送到根部以及植物的全身，只要樹皮在，這條運輸線就是暢通的。

另一條是導管，能把根從土壤中吸收來的水分和鹽，向上運輸到葉片及植物的全身，它位於樹皮以內的木質部裡。空心的樹幹只是損失了一部分木質部和髓，靠近樹皮的新生木質部仍然還保留著，所以，導管這條運輸線仍然是通暢的。可是，如果樹幹掉了大片樹皮，第一運輸線也就全部或大部分被切斷了，樹根得不到足夠的有機物，樹就有被「餓死」的危險了。不久以後，上面的枝葉也會因沒有了水分和鹽，而枯萎死亡。

這就是人們常說的「樹怕傷皮不怕空心」的道理。但是有些樹的樹皮有很高的經濟價值，比如杜仲等的樹皮可製作中藥，紅豆杉的樹皮還可提取稀有的抗癌藥物。所以有很多不法份子為利益所驅，大量地剝樹皮，造成眾多樹木死亡。所以，當我們遇到這樣的人時，就要儘量勸阻他們不要傷害樹木。

知識點睛

每到冬天，我們常常看到樹幹的下部被刷成白色，植物刷白能夠預防寒害、凍害和病蟲害。因為冬季天氣寒冷，但是，當白天有太陽出來，植物曬太陽並不像人們曬太陽那般舒服。

我們曬完太陽後，沒有太陽的晚上可以鑽進被窩裡，但是植物無論多冷，都是在原來的地方，這樣白天熱、晚上冷，而且冷熱差異很大，植物受害的地方，比我們生凍瘡還嚴重。

植物經過刷白，可以反射白天的太陽光以及各種光輻射，及時避免植物體內溫度過高，進而減弱了白天與晚上的溫差，避免植物受到突然變溫的傷害。而且，刷白劑具有隔熱效果，彷彿我們的手和臉塗的防凍霜以及護膚霜。此外，秋後初冬，許多昆蟲喜歡在老樹皮的裂縫中產卵過冬，將樹刷白對許多害蟲有殺滅作用。

眼界大開

梁希（1883～1958）著名林學家、林業教育家和社會活動家，近代林學和林業傑出的開拓者之一。他一生大部分時間從事林業教育和林產化學研究，晚年擔任一些領導職務。他的主要業績是培養了大批林業科技人才，在中國首創了林產製造化學，傳播了新的林業科學理論，並提出了全面發展林業、綠化全中國的林業建設方向，把中國林業建設推向了一個新的階段。

14 柳樹「鬧鬼」

很多年前，江蘇某地的一些人在夜晚發現了幾株會發光的柳樹。當時他們感到又奇怪又害怕，以為是「鬧鬼」了。白天，這些樹樁毫不起眼，可是到了夜間，它們卻閃爍著神祕的淺藍色的光。

後來的很長一段時間裡，始終沒有人知道，這究竟是為什麼。後來，人們經過研究發現，發光的不是柳樹，而是寄生在它身上的真菌——假蜜環菌的菌絲體。因為這種菌會發光，人們便給它取名為「亮菌」。這種菌長得像棉絮一樣，專找一些樹樁安身，吮吸植物養料，吃飽了就得意地閃光。

還有一些植物也會發光，但它們發光卻不是這種「亮菌」引起的，而是因為這些植物體內有一種特殊的發光物質——螢光素和螢光酶。植物在進行生命活動的過程中要進行生物氧化，螢光素在酶的作用下氧化，同時放出能量，這種能量以光的形式表現出來，就是我們看到的生物光。

生物光是一種冷光，它的光色柔和、舒適。科學家受冷光的啟示，模擬生物發光的原理，製造出了許多新的高效光源。

知識點睛

燭光魚的腹部和腹側有多行發光器，深海的光頭魚頭部背面扁平，被一對很大的發光器所覆蓋。因此牠們都能夠發光。

魚類的發光，是由一種特殊酶的催化作用而引起的生化反應。魚體內的螢光素受到螢光酶的催化作用，吸收能量，變成氧化螢光素，並釋放出光子，因而就會發光了。

眼界大開

中國古典神話小說《封神榜》中描繪的神仙，頭上有三圈奇妙的光環。其實，我們這些「凡夫俗子」也會發光。人們把人體發出的這種光稱為人體輝光。不過，人體輝光非常微弱，人的肉眼是看不見的，只有用特殊的儀器才能觀測到。因而千百年來，人們對自身發出的這道神奇光芒，一直茫然不知。

15 超級淨化器——向日葵

放學後，蘭蘭對濤濤說：「你知道嗎？我們平時看到的向日葵還是一種『超級收集器』呢！」濤濤聽完後不可思議地搖搖頭。蘭蘭笑了笑接著告訴濤濤，向日葵又名「朝陽花」，它總是從早到晚圍著太陽轉。向日葵還是自然界鼎鼎大名的「超級收集器」，它是吸收放射性物質的大功臣。

向日葵的眾多根系在土壤中可吸收和清除有害的放射性物質銫和鍶，被稱為抗核垃圾的神奇植物。

1986年4月，烏克蘭的諾貝爾核電廠發生爆炸，輻射外洩後，人們在附近種植向日葵，用以清除地下水中的核輻射，有9.5%的放射性鍶都被向日葵吸收了。所以，對於「超級收集器」的名聲，向日葵可是受之無愧啊！自然界中，除了向日葵之外，還有許許多多的植物在為人類無私地奉獻著。它們不僅可以吸收人們呼出的二氧化碳，釋放出人們需要的氧氣，而且還可以吸收自然界中終堅守在自己的崗位上。

知識點睛

1. 空氣中的氟濃度僅億萬分之四十時，劍蘭的葉子就會在3小時內出現傷斑；另有一種鴨蹠草，若受到哪怕是很低濃度的輻射，花色即由藍變成粉紅。

2. 胡蘿蔔、菠菜能監測二氧化硫，菖蘭、鬱金香、杏、梅、葡萄能監測氟氣，蘋果、桃、玉米、洋蔥等可以監測氯氣。

眼界大開

1. 科學家們發現，木槿能將有毒物質在體內分解轉化為無毒物質，被譽為「天然解毒機」。木槿是錦葵科落葉灌木，又名朱槿、槿樹條。木槿對有毒的二氧化硫有很強的抗性，二氧化硫很難危害木槿的葉肉細胞。

2. 榆樹對空氣中的塵埃有過濾作用。據測定，它的葉片滯塵量為每平方公尺12.27克，名列各種抗汙能力較強植物之首，有「粉塵篩檢程式」之稱。同時，對大氣中的二氧化硫等有毒氣體也有一定的抗性。

Part 2 有關動物世界的故事

偉大的哲學家費爾巴哈曾說過：「這些幫助人的東西，這些保護人的精靈，大抵就是動物。只有憑藉動物，人才能超乎動物之上；只有在動物的保護之下，人類文明的種子才能發芽滋長……動物是不可缺少的東西，必要的東西。人之所以為人，要依靠動物；而人的生命存在所依靠的東西，對於人類來說就是神。」

每當春暖花開之後，勤勞的蜜蜂在花叢間穿梭忙碌，漂亮的蝴蝶也在翩翩起舞。可憐的無花果雄小蜂終生不能踏出無花果的隱頭花序，牠只能默默地祝福離去的雌小蜂能夠找到新的無花果花序產下牠們的後代。但也正因為有了牠，我們才能吃到無花果鮮美的果肉。

蔚藍色的大海深處，一隻小海參正在優雅地散步，但危險正在向牠逼近。面對兇惡殘暴的敵人，小海參不得不捨棄自己的內臟，以保全性命。所幸的是小海參經過 50 天左右又可以長出一副新的內臟，這是多麼神奇的事情！

動物的多樣性給大自然增添了勃勃生機。據統計，全球目前生存的動物有 120 多萬種，每一種動物都有牠特有的生活方式，甚至有的動物的生活方式會讓你我大吃一驚。如果沒有各式各樣的動物活動，只有人類孤零零地生活在這個世界上，聽不到蟲鳴鳥叫，看不到動物嬉戲，那簡直是無法想像的。

01 消失的三葉蟲

明朝末年的一個春天，一位名叫張華東的人到泰山去遊覽，他東瞧瞧西看看，完全沉醉於大自然的鬼斧神工之中，忽然他瞧見河水裡有一塊大石頭上嵌著兩隻「蝙蝠」。他感到很奇怪，把那塊石頭撈起來仔細一看。啊，不得了了！石塊背面竟有上百隻同樣的「蝙蝠」。

他意識到這不是真正的蝙蝠，而是一種陌生的長得像蝙蝠的小動物。他把這塊石頭拿回家並取名叫做「蝙蝠石」，後來他又用這塊石頭製作了一個硯台，整天愛不釋手，喜愛得不得了。

這種「蝙蝠」的真實名字叫三葉蟲。三葉蟲和現代的蠍子、蜘蛛一樣，是一種節肢動物。牠的幾丁質外殼上有兩條深深的背溝，把整個身體縱分成中間的軸葉和兩個側葉，又橫分為頭、胸、尾三部分。不管橫看還是豎看，都是三片，所以古生物學家給牠們取名叫做三葉蟲。

三葉蟲的頭上有眼睛和活動頰，有的還有一對尖尖的頰刺。胸部是由許多體節組成的，這樣一來就有利於牠們蜷曲起來保護肚腹。三葉蟲的尾部有大有小，有的有尖銳的尾刺，呈半圓形、新月形或燕尾形等。根據體形不同，古生物學家又把三葉蟲分為許多種類，每一種都有特殊的名字。例如頭部有許多瘤狀突起的王冠蟲，眼睛長在頭部後端的斜視蟲，大頭小尾胸節多的萊得利基蟲，腦袋像蛤蟆、尾巴像蝙蝠的蝙蝠蟲等。

三葉蟲的成長也很奇特，牠們是靠一次又一次的蛻殼長大的，個頭變化很大。一般只有幾公分長。最大的「巨人」可以達到70公分，最小的不過幾公釐，在放大鏡下才能看清楚它的尊容。

別看牠們只是一隻微不足道的蟲，卻是5億年前寒武紀時期大海的主人。牠們絕大多數生活在暗沉沉的海底，把扁平的身體貼在泥地上緩慢爬行，也有一些種類在海面順水漂流，或是在鬆軟的泥沙裡鑽來鑽去，生活各不相同。

奧陶紀後，隨著兇猛的肉食性動物的出現，弱小的三葉蟲慢慢退出了豐富多彩的生物界。

知識點睛

三葉蟲屬節肢動物門，三葉蟲綱。生活於寒武紀至二疊紀，奧陶紀以後，隨著一些兇猛的肉食性動物的出

現，逐漸滅亡了。三葉蟲的身體可分為頭部、胸部和尾部三個部分，身體外部覆蓋著一層堅硬的幾丁質背甲。

眼界大開

1947年，一位名叫斯普裡格的科學家在澳洲南方的埃迪卡拉山區發現了許多古代海生動物化石。後來經過許多科學家的研究考證，於1969年第22屆國際地質會議上正式把這個古老的動物群命名為埃迪卡拉動物群，算是現在所知道的最早的古動物群了。

02 大海活化石

三億多年前的一天，在一片乾涸的河灘上，有一條怪模怪樣的魚兒在奮力掙扎著。這種魚兒有兩個背鰭，身後拖著一條長長的尾巴，牠費盡氣力撐起它的胸鰭和腹鰭，在泥地上慢慢爬行著。每移動一步，都要張開嘴巴不住地喘氣，真是困難極了。

為了生存，牠不得不拼命往前爬啊！牠原來生活的小河乾涸了，河灘上沒有一滴水，如果不趕快爬上陸地，找到一個新的溪流和水池，牠就要被太陽無情地曬死了。魚如果沒有水，就只有死路一條了。

許多總鰭魚在爬行過程中乾渴死了，但有一些最終取得了勝利，把種族延續下去。就這樣，一代又一代的總鰭魚上岸爬行，漸漸生長出適合在陸地上生活的器官。牠們的腹鰭裡長出了強壯的肢骨，可以像腳一樣爬行；頭上長了鼻孔，可以呼吸空氣，使自己不會很快窒息而死。頑強的總鰭魚，終於戰勝了死亡，在不斷的進化中適應了陸地上的生活環境。以後逐漸產生了各式各樣的陸地動物，使生命的種子傳播到廣闊的陸地上。說起來，牠可以算是陸地上所有脊椎動物的祖先！

古生物學家原來以為總鰭魚在7000多萬年前的白堊紀就滅絕了。想不到後來在非洲南部的印度洋裡，撈起了一條活蹦亂跳的總鰭魚，把人們嚇了一跳。原來，牠還是一種大海裡的「活化石」呢！

知識點睛

總鰭魚屬魚形動物綱，肉鰭亞綱，總鰭魚目。從泥盆紀一直生活至今，被認為是後來爬行動物的祖先。

眼界大開

《海底兩萬里》中尼摩船長駕駛的鸚鵡螺號遊遍了整個海底世界。你知道嗎？在廣闊的大海中，有一種神祕的海底動物——鸚鵡螺，牠屬於軟體動物門，頭足綱、鸚鵡螺亞綱。從奧陶紀至現代，牠一直都生活在海洋中。牠像真正的潛艇一樣，極富攻擊性，是大海裡一種兇猛的食肉動物。

03 天空的首位征服者

遠古時期的天空是寂靜的，藍天白雲中似乎缺少了一抹鮮活的影子。當海洋中充滿了各式各樣的動物，當一些動物從水中爬到陸地上時，遼闊的天空仍舊是靜悄悄的，沒有一丁點兒生命的氣息。

1.4億年前，侏羅紀晚期的時候，在今天的德國南部巴伐利亞地區，忽然有一個黑影掠過了低空。所有海裡的、地上的動物們都很驚奇，牠們以為那只是個幻覺。但再仔細看後，牠們才清楚地發現那不是雲，也不是風沙和霧氣，而是一隻動作非常笨拙的鳥兒。動物們驚訝得半天都合不攏嘴，牠們從來沒想過鳥兒能飛上藍天。那一刻，牠們確信：生命終於征服了天空，打破了億萬年漫漫長空的沉寂，大自然又一次創造了一個了不起的奇蹟。

那位征服天空的英雄，就是始祖鳥。牠飛起的地方，當時是一座海灣。海上波濤洶湧，浮游著許多魚兒。岸邊長滿了高大的蘇鐵樹和灌木叢，兇猛的恐龍在林間散步。有誰比得上牠，能夠扇著翅膀飛到湛藍的空中，成為新的天空的主人呢？雖然翼龍也能飛，但那只是獵捕食物的猛然一衝，那又怎麼能稱得上是真正的飛行呢？況且這種笨拙的飛龍依靠前肢上的皮膜飛行，動作不如始祖鳥靈活，並且很快就隨著恐龍家族滅絕了，把天空舞台讓給了始祖鳥和後來的各式各樣的鳥類。

始祖鳥的個頭不大，和現在的野雞、烏鴉差不多大小。但是牠有一對大翅膀，一個長尾巴。有趣的是，牠在翅膀上還有兩隻前爪，可以用來攀住樹枝和捕捉食物，這也就證明了牠是從爬行動物逐漸演變而成的。剛開始，牠的飛行技術並不高明，不能像老鷹似的在高空自由盤旋，也無法像燕子那樣掠地疾飛。牠只能在森林的樹枝間或是草地上短距離滑翔，是一個本領很差的飛行家。

但是始祖鳥並沒有氣餒，為了覓食和躲避敵害，牠一次次鼓起翅膀在林間笨拙地飛翔著。慢慢地，牠進化成了後來能自由自在飛翔的鳥兒。

知識點睛

最先飛上蔚藍色天空的是原始蜻蜓。這種蜻蜓屬於節肢動物門，昆蟲綱，有翅亞綱，牠們生活在石炭紀晚期至二疊紀早期。比始祖鳥和翼龍早5000萬年，是名副其實的最早的天空征服者。

眼界大開

始祖鳥是鳥類的親戚，並生活於侏羅紀的啟莫里階，距今約1億5千5百萬到1億5千萬年前，因此也被人評為世界上最早的鳥（現在已經發現了更早的，但大部分書本還沒有改變）。這些標本大多只在德國境內發現。

始祖鳥約為現今鳥類的中型大小，有著闊及於末端圓形的翅膀，並比體型較長的尾巴。整體而言，始祖鳥可以成長至1.2公尺長。牠的羽毛與現今鳥類羽毛在結構及設計上相似。

但是除了一些與鳥類相似之處外，還有很多獸腳亞目恐龍的特徵：牠有細小的牙齒可以用來捕獵昆蟲及其牠細小的無脊椎生物。

始祖鳥亦有長及骨質的尾巴，及牠的腳有三趾長爪，其中一個趾類似盜龍的第二趾。這些不像現今鳥類有的特徵，卻與恐龍極為相似。

04 無法返鄉的古駝

一天，小紅隨爸爸出去散步時，看到公園裡有群駱駝正在吃草，小紅就問爸爸駱駝的祖先是什麼樣子的，爸爸想了想告訴她古駱駝原來是生活在北美洲的，牠們身高不過1公尺，像羚羊一樣善於奔跑的小古駝；有高達3公尺以上，像長頸鹿般伸長了脖子，專門摘食樹葉的高駱駝。牠們都絲毫沒有沙漠生活的習性。

由於當時的食物豐盛，古駱駝根本用不著在背上長出累贅的駝峰，來貯藏缺食期間維持生命的脂肪。所以，古時候的駱駝，是沒有駝峰的駱駝。駱駝就這樣無憂無慮地在新大陸的老家，過了幾千萬年的舒適生活。

到了第三紀末期，北美洲的氣候變冷了，森林不斷縮小，出現了一大片、一大片的乾旱草原。古駱駝過不慣這種艱苦日子，只好成群結隊穿過連接美洲和亞洲的「白令陸橋」，進入陌生的亞洲大陸尋找新的生活環境。誰知，這裡的乾旱草原面積更大，許多地方還有寸草不生的沙漠分佈，比美洲的老家更糟糕。

緊接著，寒冷的第四紀冰期開始了，北方大地上佈滿了銀色的冰川。古駱駝再也沒法沿著來時的道路返回美洲老家，只好十分委屈地留在新的地方過日子。

在乾旱草原和沙漠裡生活，首先就要學會忍受乾渴的煎熬，於是駱駝的血液也發生變化了。

和別的動物相比，在沙漠烈日的暴曬下，牠身體內血液裡失去的水分很少，而且血液循環仍然暢通無阻，可以正常生活。為了克服缺少食物的障礙，駱駝背上就長出了貯藏脂肪的駝峰了。

知識點睛

古駝屬哺乳綱、偶蹄目的駱駝類，生活在第三紀。古駝是沒有駝峰的，後來隨著環境的不斷惡化，為了適應乾旱的草原和沙漠生活才逐漸進化出駝峰的。

眼界大開

鐵路運輸系統中也有一種叫做「駝峰」的設備，所謂「駝峰」，就是在地面上修築的猶如駱駝峰背形狀的小山丘，設計成適當的坡度，上面鋪設鐵路，利用車輛的重力和駝峰的坡度所產生的位能，輔以機車推力來解體列車的一種調車設備，是編組站解體車列的一種主要

方法。

在進行駝峰調車作業時，先由調車機將車列推向駝峰，當最前面的車組（或車輛）接近峰頂時，提開車鉤，這時就可以利用車輛自身的重力，順坡自動溜放到編組場的預定線路上，進而可以大大提高調車作業的效率。

05 馬的演化

赤兔馬因戀舊主關羽寧死也不從新主，這是我們耳熟能詳的故事。有一天小剛的爺爺正給小剛講赤兔馬的故事。爸爸從外面進來了，他對小剛他們說，馬的祖先遠沒有這樣神氣，單單個頭就比現在小很多。

最早的始祖馬只有狐狸那樣大。如果號稱「五虎大將」之首的關羽拿著青龍偃月刀騎在上面，會把牠壓得連腰也撐不起來的。

然後爸爸拿來一張始祖馬的圖片給小剛和爺爺看。從圖上，小剛又發現始祖馬的趾頭和現代馬也不一樣。牠的前腳有四根腳趾，後腳有三根腳趾，不僅沒有大蹄子，還長著十分柔軟的腳掌，根本就不適宜在堅硬的土地上奔跑。牠的牙齒又低又小，這就說明牠只能吃鮮嫩的軟草和樹葉，不能嚼食較硬的草類，和現代馬大不相同。

爸爸又告訴他們，始祖馬所生活的第三紀初期，氣候非常濕熱，到處生長著茂密的森林和碧綠如茵的軟草地。馬兒的個子如果太大，根本就別想鑽進密林裡。再說，林下的土地上是落葉層和柔軟的草地，也用不著有一個又硬又沉重的大蹄子。只是後來，氣候一天天變得乾旱，大片的森林消失了。隨後，出現了乾燥的荒漠和草原。為了適應環境的變化，始祖馬們也逐漸進化，到了距今3500萬年前，出現了奔跑更方便、咀嚼能力更強的三趾馬。

大概300萬年前，為了躲避兇猛的野獸，三趾馬不得不跑得更快。於是個頭變大了，長得更強壯了，中趾慢慢變成了適於長途奔跑的蹄子。在粗糙的食物研磨下，牙齒也發生了變化，終於進化成了我們所熟悉的馬的樣子了。就是這樣艱苦的環境造就了今日的千里馬。

知識點睛

馬屬哺乳綱、奇蹄目，出現於第四紀。牠是由始祖馬經過千萬年進化而來的。

眼界大開

在老第三紀至第四紀初期，生活著一種叫瓜獸的動物。牠的外形很像馬：長方形的馬腦袋，豎著兩隻圓筒形的耳朵，脖子上披著長長的鬃毛。牠雖像馬卻不屬於馬，因為牠沒有蹄子，每隻腳上都有三隻鋒利的爪子。

06 昆蟲與蟲子

有一天放學後，小剛對明明說：「像滿身都是毛的毒蜘蛛那樣的昆蟲，真是長得極可怕又噁心。」

或許有很多同學都會有小剛這樣的想法，但是如果把蜘蛛叫做昆蟲的話，想必蜘蛛聽了後心情可能會很糟，甚至還會發火，咬牙切齒地說：「我也十分討厭猴子。」

我們當然都知道，雖然猴子和人的樣子有點像，但畢竟不是人，同樣，蜘蛛和昆蟲長得很像，但蜘蛛並不是昆蟲。因為只有具備了一定的條件才可以稱得上是昆蟲。

首先牠的身體應該可以被分為頭部、胸部、腹部三部分；其次牠必須要有三對腳和兩雙翅膀；然後呢，牠們的頭部必須要有一對觸角和複眼。如果滿足了這個標準的蟲子就可以被稱為昆蟲了。那麼蜘蛛為什麼不是昆蟲呢？

因為蜘蛛並不擁有昆蟲的特徵，牠有四對腳，沒有翅膀，而且身體也只能分為頭部和胖胖的如圓口袋般的腹部兩部分。像蜘蛛這樣因為模樣很像昆蟲而很容易被誤認為昆蟲的還有很多，比較具有代表性的就是蜈蚣和馬陸。蜈蚣和馬陸都是有很多條腿、在地上緩慢地爬行的蟲子，只要數一下牠們腳的數目就可以很快知道牠們不是昆蟲了。蜈蚣有30條腿，而馬陸則多達200條，因種類的不同，腿的數目也不盡相同，所以牠們就更不能算是昆蟲了。

知識點睛

危害糧食作物的大害蟲飛蝗把卵產在土壤裡，讓牠們過冬。在深秋時節，雌蝗將腹部末端彎入土壤裡產卵，在產卵的同時分泌膠液，把一排排卵包裹在一起。產卵後，還要用後足刨土，把土裡的卵塊嚴嚴實實地覆蓋起來。

有些昆蟲則是以幼蟲越冬的，像玉米鑽心蟲就是以幼蟲鑽進莖稈裡過冬。如果剖開受蟲害的玉米秸，就能發現裡面有一條條隧道，隧道裡充滿了蟲糞和植物組織的碎屑，包在幼蟲身體的四周。

眼界大開

法布林（1823～1915），是法國著名昆蟲學家、科普作家，他以特有的細緻觀察和嚴謹實驗，長期研究昆蟲的形態、行為和生活習性，出版了10卷《昆蟲記》，首次向世人全面系統地展示了一個奇妙的「昆蟲世界」。

07 教授的惡作劇

有一次，威爾考克斯教授在澳洲的一個池塘邊發現，

一隻雄水黽停留在水面上，用牠的兩隻前足有節奏地叩擊水面。這時候，平靜的水面泛起粼粼微波，微波慢慢向四周擴散，形成一個又一個的同心圓。過了一會兒，有一隻雌水黽就向這邊游來，游一段，停下來，也叩幾下水面，然後再游一段。

這個不尋常的現象，立即引起了威爾考克斯教授的注意。經過認真研究，祕密揭開了：水黽是在利用牠們特有的語言進行「對話」。那些透過振動水面產生的微波，就是水黽的「語言」。

然後又經過長期的觀察和研究，威爾考克斯教授成功地翻譯出水黽的「電報密碼」。後來，威爾考克斯教授還利用他的研究成果，對這些水面「電報」的「收發員」們做了一次惡作劇。

他製作了一只小巧的電子儀器，把它安裝在池塘裡，

透過岸上的無線電遙控器遙控，用這只電子儀器類比水黽「發報」。電子儀器發出的假「電報」和真「電報」一模一樣，簡直能夠以假亂真。威爾考克斯教授用電子儀器模仿雄水黽發出一段求偶「電報」，結果竟使得不少雌水黽匆匆趕來。牠們做夢也沒有想到，這原來是我們的大生物學家給牠們設下的一場騙局，最後，這群雌水黽們只得乘興而來，敗興而歸。

知識點睛

同樣是生活在水中，蜉蝣的成蟲卻只能「朝生暮死」，生命只有幾個小時。蜉蝣成蟲身披綠色沙衣，在水面上追逐嬉戲，在此過程中完成交配，之後牠們就會死去。蜉蝣成蟲之所以命短，主要是因為牠的嘴已經退化，不能再吃東西了。

眼界大開

水黽透過「電報」來求偶，動物中還有許多獨特的求偶方式。在澳洲東部海岸狹長地帶的山地叢林中，有一種能歌善舞的鳥兒，人們給他取了個好聽的名字，叫琴鳥。琴鳥不僅有自己獨特的歌聲，還會模仿20多種鳥兒的歌聲、馬嘶聲、羊咩聲、狗吠聲、人聲、鋸樹伐木聲、汽車的喇叭聲，等等。

雄琴鳥的尾巴有60～70公分長，平時拖在背後，只有當求愛時這才將尾巴豎立伸展，14根鑲有黑邊的栗色尾羽彷彿是纖細的琴弦，還有外側的一對尾羽長約70公分，寬約3.5公分，色彩斑斕，在頂部彎曲。16根尾羽猶如一把古希臘七弦豎琴，琴鳥也便因此得名。

琴鳥大都在冬季繁殖。琴鳥將牠能歌善舞的才能，在求愛時發揮得淋漓盡致。

08 草地蟋蟀

小華曾在鄉下的奶奶家住了一段時間。每當炎熱的夏夜，經過了一天緊張的工作和學習，人們喜歡三五成群地閒坐在庭院或路邊，一邊納涼，一邊天南海北地侃大山。小華更喜歡靜坐在僻靜的草地旁，納涼之際，聆聽蟋蟀的蟲鳴，他感到很快樂。每次，他都聽到棲身於草叢的這些鳴蟲，輪番登場，此呼彼應，有時還會同時引吭高

歌，彷彿是自然界的合唱團。在這些蟲聲之中，紡織娘的曲調洪大高亢，猶如千軍萬馬之賓士；蟋蟀的樂章清韻幽越，猶如高山流水之妙曲；還有一些不知名的鳴蟲，也不甘寂寞，時不時給別的蟲子伴奏一曲。

後來，小華回到位於城裡的家中，他和爸爸談起那些草地上的歌唱家。爸爸聽完後告訴他，蟋蟀不僅好鬥，而且善鳴。蟋蟀的鳴聲清脆優美，婉轉動聽。但蟋蟀並沒有動人的歌喉，這「歌聲」完全是靠翅膀的摩擦發出的。

在雄蟋蟀前翅腹面基部有一條彎曲而突起的棱，叫

做翅脈。翅脈上密密地長著許多三角形的齒突，叫做音銼，右前翅的音銼比左前翅的音銼發達得多。音銼很像一把梳子，上面的三角形小齒數量不一。音銼上齒的數量排列密度，以及翅膀的厚薄和振動速度等，都能影響蟋蟀鳴聲節奏和高低。

聽了爸爸這麼一說，小華才明白了蟋蟀唱歌的祕密所在。

知識點睛

在草地歌唱家中，還有一位名角叫蟈蟈。蟈蟈屬鳴叫類蟲類，又名紡織娘。蟈蟈的鳴唱宛轉悠揚，似一曲甜潤的情歌，婉轉動聽。

入秋後，蟈蟈在花鳥魚蟲市場是受到人們喜愛及熱銷的。要提醒喜愛養蟈蟈的朋友們注意：蟈蟈以體型大，色澤淡綠發亮，後退緊靠，鱗翅貼身，尖端舒張者為佳。

眼界大開

蟋蟀。有一種銅頭、鐵頸、金花翅的蟋蟀，被愛好者譽為「蟋蟀王」和「鐵甲將軍」。牠頭頸相配，氣壯力猛，身體匀稱，先天充盛；挺胸收腹，腰圓背厚，打

鬥靈活；肚如蓮子，富有挫力；色澤純正，腹節緊密，腿壯節長，重心穩定；金翅蟬紗，闊長適中；鳴聲洪亮，如若雞啼，故又稱為「雞蟋蟀」。據說《聊齋志異・促織篇》中，那個鬥敗大公雞的就是這種蟋蟀。

09 螢火蟲之光

相傳中國晉朝有位非常用功的讀書人，名字叫車胤，小的時候，他的家裡很窮，窮得連燈油都買不起。有一天他看到螢火蟲能發光，於是，他就抓了許多螢火蟲，裝在透明的紗布口袋裡，晚上藉著螢火蟲的光照明讀書，經過勤讀苦練，終於成名。囊螢夜讀的故事為後世樹立了刻苦讀書的好榜樣。

現在的研究證明：螢火蟲的光是由身體中特殊的發光器發出來的。成蟲的發光器位於螢火蟲腹部的第六節和第七節內，那裡有一部分表皮特別薄，薄得幾乎是透明的。這層薄膜裡面，便是螢火蟲的「小燈」——發光器。

螢火蟲的發光器官，實際上是由許多能發光的細胞組成的淡黃色的發光層，在這些發光細胞之間和周圍，分佈著數以萬計大大小小、粗細不一的氣管和許多小神經，這些氣管一再細分，佈滿整個發光層，氧氣就可以被暢行無阻地輸送到每一個細胞。

在發光層的內面，是乳白色的反射層，能將發光細

胞發出的螢光反射到體外。而發光器外面的那層薄得透明的表皮，既能透光，又能對發光器起保

護作用，就像平時我們所見的燈罩一樣，那就是螢火蟲小「燈」的「燈罩」了。那螢火蟲的發光細胞為什麼能發出光呢？從前，人們認為螢光是一種磷光，細胞內有磷物質存在。但是隨著研究的進一步深入，大家公認螢光不是磷光，而是呼吸作用的一種產物。

發光細胞中含有一種奇妙的物質——螢光素。螢火蟲呼吸的時候，氧氣通過小氣管進入發光細胞，與螢光素結合，在另一種物質——螢光酶——的作用下，產生化學反應，發出光來。

整個發光過程可以寫成下面這個簡單的公式：螢光素＋氧氣（螢光酶作用）＝發光

螢火蟲的呼吸器官可以任意調節氧氣流入身體的多少，氧氣的多少又可決定螢光的明亮程度。因此，這些活燈籠在呼吸作用的控制下，就會出現平時我們見到的忽明忽暗的小燈籠。

螢火蟲的蟲卵和幼蟲也是可以放光的。產在水邊青苔上的蟲卵和在水中生活的幼蟲，甚至鑽在土裡的蟲蛹都會發光，這都是為了保護自己。

知識點睛

科學家經大量試驗，已初步揭示出魚類發光的奧祕。他們發現，在這些魚類的體內，分佈著發光器。

大多數魚類的發光器，分佈在身體的兩側，埋在皮膚裡，可是有些卻分佈在頭部或其他地方。如日本松球魚的發光器在下頜前端下方；蟾魚有840個發光器，成行排列在皮膚裡，構成一定的圖案；前肛天竺鯛的發光器，在肛門附近。

眼界大開

螢火蟲等動物發光是螢光素、螢光經過氧的催化作用而發光。水母是一種叫埃奎林的蛋白質，蛋白質遇到鈣離子就能發出較強的藍色光來。所以，當櫛水母在海裡遊動時，身體顯現出球形的藍光，後面的幾條長長的觸手，隨著它的身體擺動，十分優美動人。

10 白蟻非蟻

一次，小芳去叔叔的實驗室裡參觀，發現有幾隻白色的「螞蟻」被放在一個大瓶子裡。小芳就問叔叔螞蟻還有那樣的顏色啊？

叔叔笑了笑後告訴小芳，那並不是螞蟻，而是白蟻。白蟻生活在深山中，靠啃食樹木為食，特別是較為潮濕，而且已經腐朽的松樹是牠最喜歡的食物。所以像海印寺這樣古老的寺院的柱子就全都被白蟻損壞了，被蟲蛀的柱子的外表完好無損，可是如果用手敲的話，內部已經空蕩蕩的柱子就會發出「嗵嗵」的聲音，因為白蟻已經把裡面的木頭吃光了。所以很久以前我們的祖先就已經知道，豎立柱子之前先在下面放一些鹽和木炭以防止木料被白蟻蛀蝕，因為這兩樣東西是白蟻最害怕的。

白蟻和螞蟻有著本質的區別。白蟻的真正祖先是蟑螂，要說這麼小而可愛的白蟻是蟑螂的後代會讓許多人都大吃一驚的，也就是說很久很久以前白蟻就是蟑螂中分化出來的……與螞蟻和蜜蜂是親戚相比，這個事實可以更加讓人吃驚100倍，而且白蟻和螞蟻的外部形態也不太一樣。

螞蟻的觸角是彎曲的，而白蟻的觸角則是直的；雖然螞蟻的下顎也很有力，但是和白蟻的下顎相比簡直就是小巫見大巫了。白蟻的下顎的咬合力量很大，被牠咬過的人相信一輩子都不會忘記。而且普通螞蟻胸部和腹部之間有很細的「腰」，而白蟻卻生得像大大的油桶一樣圓滾滾的。

最有趣的是，白蟻是靠吃木頭生活的。但不幸的是，白蟻自己並沒有消化木頭的能力，所以就只能在體內培養有助於消化的原生物，這種原生物是小白蟻一出生就可以從成年白蟻那裡得到的東西。

在蟑螂中也有像白蟻一樣透過在體內培育原生物啃食木頭的種類，那就是甲殼蟑螂。牠們體內的原生物就是白蟻和蟑螂同宗同族的最好證據。

知識點睛

一開始科學家們發現，一隻螞蟻死了，無論身邊有沒有別的螞蟻，其餘的螞蟻都會找到牠的屍體，並為牠舉行葬禮。後來經過不斷地研究，他們發現螞蟻不僅能釋放具有特殊氣味的化學物質，更主要的是牠們還能辨認氣味，根據氣味的不同接受資訊，進行工作。例如，

螞蟻死亡之後，會發出一種特殊的氣味，好像

是發佈一則訃告，告訴夥伴們，牠已經死了。夥伴們聞到這種氣味，立刻把牠拉到螞蟻的「公墓」去埋葬。這樣，屍體就不會在巢裡腐爛了。

科學家把釋放這種氣味的物質提取出來，並把它塗抹在活螞蟻身上，結果這隻螞蟻也被同伴們不分青紅皂白地抬出去活埋掉了。原來，螞蟻是認味而不認「人」的。

眼界大開

螞蟻能搬動比牠自身重幾十倍的東西，是有名的「大力士」。原來，螞蟻的腿部肌肉非常奇特。當牠走動的時候，牠的腿部肌肉會產生一種酸性物質，使肌肉在剎那間迅速收縮起來，產生巨大的力氣，進而能將比牠身體重幾十倍的東西舉起來。這在動物界是很少見又很了不起的事情。

11 甲蟲將軍

有一天上課時，老師提問小翠：「地球上數量最多的昆蟲是什麼？」

「甲蟲。」

「那妳知道甲蟲中最強大的是什麼嗎？」這一次，小翠告訴老師說她不知道。

老師接著就告訴同學們，世界上數量最多的昆蟲就是甲蟲，甲蟲的總數大概占全體動物的40%，不管你走到世界的哪個角落，都會見到牠們的蹤跡。

比如說當你打開家裡的米袋時，或許會看到小小的象鼻蟲正在偷吃大米呢，還有在樹葉上經常可以見到飛來飛去的瓢蟲，牠也是甲蟲的一種。

可是不管怎麼說，甲蟲當中最強的還要數「獨角仙」了。獨角仙在所有甲蟲當中是體型最大而且力氣最大的一種。只見牠穿著黑色的盔甲，戴著巨大的長角頭盔，遠遠看去，還真像是一個威風的將軍呢，怪不得人們叫牠「將帥甲蟲」了。

獨角仙力大體壯，自然擁有首先享用食物的特權。漆黑的夜晚，為了去品嘗櫟樹甜美的樹汁，獨角仙慢吞吞地在樹幹上爬行著，勤快的深山鹿角甲蟲和飛蛾等早就趕到了「用餐地點」並佔據了有利的位置，可是我們的獨角仙似乎一點也不為這擔心。因為當牠到達時，牠就會大喝一聲：「喂！你們都給我靠邊站，聽見沒有？」

獨角仙話一出口，眾蟲就如潮水般退下，誰也不想因為一時冒失而不自量力地和獨角仙較量，萬一吃牠一角，小命都會難保的。櫟樹到處都有的是，還是找個太平點的地方吧。

看來，這將帥甲蟲還果真名不虛傳啊。

知識點睛

瓢蟲雖然身體很小，可是牠三對細腳的關節上都能分泌一種難聞的黃色液體，敵人一旦聞到便立即逃之夭夭。同時，牠遇到強敵還能夠將三對細腳收縮到肚子底下，從樹葉或花莖上飄落下來——「裝死」。

眼界大開

比起其他昆蟲的飼育，獨角仙算是好看好玩又好養的昆蟲，成蟲力大無窮，可拉動比身體重數十倍的物品，看他狂而有力的振翅，竟能推動其堅硬而笨重的裝甲飛上天空，除了心裡充滿震撼之外，也是照顧獨角仙的一大享受。

獨角仙的飼育十分簡單，只要準備好適合大小的寵物箱，將一對獨角仙放入具有腐葉有機質的腐植土，再加上一根讓獨角仙棲息交配的朽木，餵牠水果或果凍，很快的就有獨角仙寶寶誕生了。

一般而言，鞘翅目的昆蟲之生活史過程必須經歷卵、幼蟲期、蛹期及成蟲期四個階段，每年為一個世代。獨角仙幼蟲以土中的有機質維生，隨著齡期的增加，幼蟲的食量也愈來愈大，終齡幼蟲幾乎跟成人的姆指一樣粗。

12 最佳建築師

昆蟲家族召開了一次「最佳建築師評選大會」。下面就是大會的參賽選手，牠們就是用泥巴建造堅固巢穴的「細腰蜂」，在樹洞裡築巢的「月季切葉蜂」，還有就是自己動手製作結實口袋的「袋蛾」。

首先是細腰蜂選手上場，一說到蜂巢，相信大家都會想起密密麻麻排列在一起的六角形蜂房吧！但是細腰蜂（也稱泥蜂）很特別，牠們是用泥巴來築巢的，細腰蜂媽媽會用嘴銜起泥土在植物的枝幹或者岩石的縫隙中設計建造未來的新家。牠先把泥土揉成團，含在口中，然後在其靈活的前腳的配合下一點一點地把蜂巢建起來。

首先是製作罈子形狀的蜂巢底部，等到蜂巢底部晾乾變硬之後，牠會繼續製作如同細細瓶頸的蜂巢入口。工程完工之後，細腰蜂會把尾部伸入細細的巢穴入口進行產卵，而且還會把捕獲的許多食物一起放在巢穴當中給將來的蜂寶寶們作食物。

接著，就是月季切葉蜂上場比賽了。月季切葉蜂選擇建巢洞穴的首要標準就是洞穴入口必須和自己身體大小一致。所以，牠先找合適的洞穴。等找到了合適的洞穴之後，月季切葉蜂就開始用自己細長鋒利的前顎切割樹葉「裝修」自己的家了，玫瑰、山茱萸、櫟樹等常見的樹葉都是理想的「家裝材料」。月季切葉蜂經常把樹葉切割成圓形或卵形搬運到自己的洞穴之中，然後用這些樹葉盛放花粉和蜂蜜。

現在輪到我們的布袋蟲選手上場了，布袋蟲也是一種可以有效利用身邊現有材料的「建屋能手」，因為牠的巢穴外形就像是一個口袋，所以這種昆蟲也因此得名「布袋蟲」，成蟲也被叫做「袋蛾」或者「布袋蛾」。

布袋蟲利用自己吐出的細絲黏合其他的材料製作成結實堅固的「房子」，身邊如果有樹葉的話就用樹葉比做材料，甚至如果有彩紙的話布袋蟲也會把它撕碎黏在一起的……有破布條就用破布條，有羽毛就用羽毛，總之不管是什麼材料都難不倒這位優秀的建築師。布袋蟲不斷地長大，原來的袋子裡的空間就會變得越來越小，這時牠就會找來樹葉黏在原來布袋的頂端，自己動手來擴大原有房間的面積。

到底誰是最優秀的建築師，還是你來評評吧！

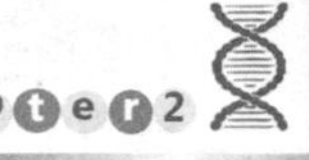

知識點睛

動物中不僅有「建築師」，也有「嫁接專家」。南美洲的祕魯，有一種鳥長得很像烏鴉，但叫聲卻比烏鴉好聽，當地人給牠取了個好聽的名字「凱西亞」。

凱西亞喜歡吃甜柳樹葉子，但牠的吃法很特別：牠先是咬斷樹枝銜到一邊，然後用嘴在地上啄個洞，再將樹枝插進去慢慢吃樹葉。凱西亞平時喜歡成群活動，所以牠們一插樹枝就是一片，而且整齊有序。經過春天的陽光雨露滋潤，新插的小樹枝成活了。幾個月後，一片新的小樹林就出現了。

眼界大開

動物對大自然的理解可以說毫不遜色於人類。我們都知道溫泉浴是一種物理療法。有趣的是，熊和獾也會用這種辦法來治病。

美洲灰熊有種習慣，一到老年，就喜歡跑到含有硫黃的溫泉中去洗澡，浸泡在裡面，彷彿在治療老年關節炎似的。母獾常常把長瘡的小獾帶到溫泉中去沐浴，治療瘡疾，一直到病癒為止。

13 因材施教

龍虱向來都是直接用尾部在水裡進行呼吸，如果遇到需要長時間潛水的情況，牠就會把空氣儲藏在背部或者翅膀的縫隙中，然後返回水中，游泳時無法施展的翅膀反倒成了「氧氣瓶」。

「咳咳，氧氣就要沒有了。」這是龍虱經常會遇到的情況，如果氧氣耗盡了，龍虱就只好返回水面重新補充，在水面的水草上停留了幾秒後，又重新潛入水下。

有些昆蟲的水下工夫了得，可是龍虱一般只能在水下潛水3～10分鐘，如果為了捕捉獵物更加賣力地運動的話，氧氣的消耗速度會更快。

龍虱有辦法直接呼吸到在水中含量很低的氧氣，在水下暢遊的龍虱尾部總是連著一個氣泡，這是因為儲藏在龍虱背部的空氣會從尾部的氣孔進入，隨著龍虱的呼吸過程就會在尾部產生氣泡。

氣泡的表面是由二氧化碳包圍著的，其中也含有一些氧氣，溶解在水中的氧氣也會逐漸地進入到氣泡當中，當龍虱儲備的氧氣用光時，依靠氣泡當中的少量氧氣也還是可以堅持一段時間的。但是隨著龍虱的呼吸，氣泡也會逐漸減小至最後消失，這時，龍虱就必須返回水面呼吸。

龍虱的這一次次的勞碌，都被蜻蜓的兒子（此處特指蜻蜓的幼蟲）看在眼裡。因為蜻蜓的兒子可以自由地在水裡呼吸（蜻蜓幼蟲以鰓呼吸），所以當牠看到龍虱的「忙碌」後感到很心急，於是決定教龍虱水下呼吸方法。

蜻蜓的兒子因為不明白自己和龍虱的差別，所以強行讓龍虱在水中，按照牠的方式吸氣、呼氣。這下龍虱可慘了，最後差點就淹死了。

最後，蜻蜓的兒子也沒弄明白自己的「徒弟」怎麼就不上進呢？而龍虱也認為是自己太笨，所以才學不會。

知識點睛

蜻蜓不僅是長距離飛行的佼佼者，還是飛行最快的昆蟲呢！牠的飛行速度可達到10公尺/秒，能與男子一百公尺奧運冠軍相媲美了。

眼界大開

蜻蜓能在快速飛行中捕食，全靠牠的眼睛。蜻蜓有兩隻非常大的複眼，蜻蜓的複眼有2000～28000個小眼，小眼越多，視敏度越高，牠的小眼是其他昆蟲的數倍甚至幾十倍。而且牠們的小眼排列也很奇怪，上半部分看遠處物體，下半部分看近處物體。上下配合得天衣無縫，遠近都能看到。

14 氣味語言

下午放學後，冬冬打開電視看他喜歡看的《動物世界》欄目。在中國東北的大森林中，有一種叫貂熊的動物，一旦發現了小動物，牠就會在小動物四周用尿撒成一個大圓圈。

接下來奇怪的事情就發生了，被困在圓圈中的小動物就如同著了魔一般，拚盡全力也衝不出尿的包圍圈。更令人驚奇的是，當貂熊在圈中捕食獵物時，就是狼、豹、虎等兇猛大野獸也不敢踏入這一禁圈。

看到貂熊神奇的魔力，冬冬不禁想起了孫悟空用金箍棒畫出的圓圈。與貂熊很相似的是在非洲的莫三比克有一種動物叫奇鼠，牠碰到貓後就繞著貓跑一圈，貓便全身發抖，癱倒在地，奇鼠趁機竄上去，咬斷貓的喉管。

經科學家研究，發現貂熊和奇鼠的「魔力圈」是由特殊的「氣味語言」構成的。

在動物世界中，許多動物都能使用「氣味語言」。不同的動物會產生不同的激素和不同的氣味功能。目前，人們發現動物有100多種資訊「語言」是用氣味傳遞的。

知識點睛

生物學家做過一個試驗，將一種船舸魚釣起來後，再放回到河裡，結果河裡所有的魚都逃離了。經過進一步研究發現，船舸魚的皮膚能發出一種特殊的氣味，構成這種氣味的物質是一種警戒激素。

船舸魚上鉤被釣起來的過程中皮膚受了傷，警戒激素便會釋放出來。其他船舸魚嗅到這條魚發出的氣味後，就知道附近有危險，因此會趕快奪路逃命。

眼界大開

據生物學家研究，狗的嗅覺靈敏度是人的一百萬倍，牠能聞出上千種物質的氣味。軍犬憑嗅覺能識別路途，判斷敵情，跟蹤追擊。獵犬聞到野獸氣味時，會屏住呼吸停下來，用鼻子判斷野獸的方位，協助獵人捕獲。

1976年唐山地震前，當地至少發生了十幾起這樣的事情：狗向天狂吠亂叫，不聽主人指揮；嗅地扒坑，頭也不抬；叼著狗崽亂竄，刨門撞窗，一刻也不停止。

地震當晚，有個社員家的一隻狼犬，狂吠不止，影響主人睡覺，主人把牠打跑後剛躺下，犬又來亂吠，他再起身追打，地震就發生了。

地震前，空氣中會產生一種帶電粒子，在地下的化學元素也會發生變化，產生一種「地氣味」，犬憑著靈敏的嗅覺產生異常的反應，無意中挽救了主人的生命。

15 盡職的「保姆」

在巴西的熱帶森林裡，生長著一種花斑大蟒，牠們常常倒掛懸在大樹上，不停地吐著紫紅色的信子，瞪著一雙大眼盯著樹下行人。這種大蟒樣子看起來很兇猛很可怕，但實際上，牠性情溫和，並不傷人，是一種可以馴養的動物。當地巴西人知道了牠的這一習性後，不但不怕牠，還對牠很親熱。

大家都知道熱帶森林中毒蛇猛獸很多，而花斑大蟒卻是這種毒蛇猛獸的剋星。村落裡的人們，為了自家孩子的安全，會讓自家馴養的大蟒去照看孩子。大蟒對人溫和，但在蛇類和其他野獸面前牠可威風了，毒蛇猛獸一見牠，都嚇得遠遠避開。大蟒照看孩子寸步不離，忠於職守，擔負起保護的任務，真是個好「保姆」。如果孩子想睡覺了，牠就用自己的身體圍成一個圓圈，讓小孩子在裡面睡。

英國倫敦的一個醫生約翰・姆爾格希，家裡也飼養了一條蟒，用來看守家門。白天，約翰夫婦去上班，這

條蟒獨自留在屋內，來回遊動，四處「巡視」。晚上，約翰夫

婦睡覺前，大蟒便爬上床來同他倆嬉戲玩耍。約翰夫婦入睡後，大蟒便守候在旁，室內什麼地方一有響聲，便爬去察看。看看花斑大蟒們算得上是頂級「保姆」了吧！

人們飼養大蟒，也很方便、省事。大蟒一次吃得很多，但牠吃一次東西後，隔好久才再次進食，而且食物也不必很高級，比養隻小貓的經濟支出還少。

蟒蛇不但能照看孩子能守家，還能當苦力呢！在非洲一條大河的畢索渡口，有一種方形的像木筏船的渡架，由一條經過訓練的巨蟒拖著來回「擺渡」。蟒蛇力大靈活，能夠輕而易舉地拖運一噸重的貨物或人，速度比人力渡船還快，乘客們坐在渡架上，既平穩又安全。

知識點睛

有時候一些人遇到蛇之後，就會把蛇的尾巴掛起來，將牠頭朝下在空中抖幾下，蛇就死了。原來蛇脊椎骨的關節極為靈活，能一圈圈盤起來。如果將牠們倒掛起來抖動幾下，牠的脊椎骨就脫開了。而且蛇的各肋骨之間本來就是分開的，這樣一來就促使脊椎關節脫臼，就把脊椎骨中的脊髓拉開了，甚至被拉斷。最後，蛇就一命嗚呼了。

眼界大開

美洲有一種響尾蛇，具有極靈敏的紅外線感受能力。人們曾做過這樣一個實驗：將一條蒙住雙眼的響尾蛇放在兩隻燈泡的下面，燈泡不亮時，響尾蛇毫無反應；當開亮燈泡時，響尾蛇立即昂首張口朝著牠，顯得異常興奮。原來是燈泡發出的紅外線吸引了牠。

這種現象給人以極大的啟迪，後來人們根據響尾蛇製造出「響尾蛇」導彈。這種導彈就是將紅外探測器配備在殲擊機的彈頭上，它可以追蹤敵機發動機所發出的紅外線，進而準確地擊中敵機。

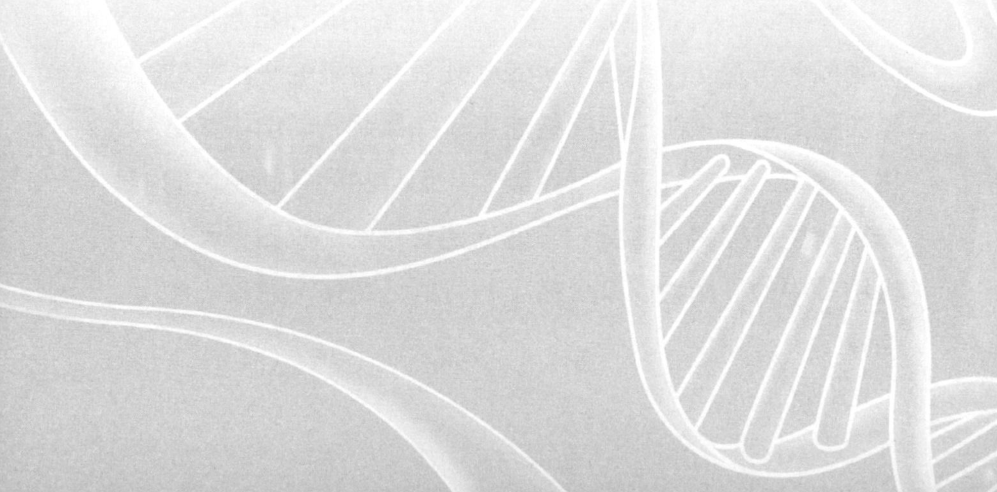

Part 3 有關 人體的故事

吃飯、走路、思考、說話、呼吸……我們的身體每一刻都在不斷地工作著，不只是在我們清醒的時候，即使我們都進入了甜美的夢鄉，它也始終如一：心跳、呼吸、做夢……因為是我們自己的身體，所以覺得這些事情都無所謂，對此漠然視之。但實際上，「無所謂」的事情卻經歷著非常複雜的變化。

為了能說出一句完整的話，為了能展現給別人一個美好的微笑，都需要幾十塊肌肉的密切配合；為了讓手能準確地抓到一個物體，也需要經過一系列的神經反應過程；甚至於每天必須進行的排泄活動，也要經歷無數次的生理反應過程。

所以說，這些無所謂的、我們每天都要經歷的事情並不是隨隨便便就能完成的。

說到這裡，我們就感覺到自己想要知道的事情太多了，我們對自己的身體其實並不瞭解。那麼，就請你多關心一下我們的身體吧！

01 你從哪裡來

以前媽媽總是會笑著說：「蘭蘭是媽媽從林子裡撿回來的。」

那時的蘭蘭總是信以為真，直到有一天老師告訴她和同學們，他們並不是媽媽從林子裡撿起的，也不是從河邊抱來的，而是媽媽的卵子和爸爸的精子相結合的產物，而且我們來到這個世上可是要經過千辛萬苦的過程的。

爸爸的身體當中一般一次可以排出3～5億個精子，但是在這些精子當中，最終可以同媽媽的卵子相結合的精子只有一個。

當精子尋找卵子時，要經過一個漫長艱難的過程。首先有大部分的精子被媽媽體內分泌的酸性物質所殺死，只有安全通過這一關的精子才能夠進入到子宮當中，但進入了子宮後又被守護子宮的衛士白細胞大量捕殺。

即使逃過了白細胞的捕殺，精子們還要通過叫做「輸卵管」的管道，才能在千辛萬苦之後到達卵子的住所。怎麼樣？精子要走的路程，夠漫長，夠危險吧？就這樣到達卵子的住所時，剩下來的精子最多也就只有100～200個了。接下來，精子們為了穿透卵子的細胞壁，全都緊貼著卵子，但是卵子的細胞壁相當厚，最終能進入的精子也只有一個。

即使有再多的精子圍繞在卵子周圍，一旦哪一個「幸運兒」成功進入了卵子，其他的精子都要吃「閉門羹」，而且絕對無法再敲開卵子的大門了。所以到最後3～5億個精子中，只有一個精子與卵子結合形成受精卵，其餘的將全都死掉。

這樣唯一的一顆受精卵就將造就日後世上獨一無二的我們，所以我們每一個來到這個世界上的人都是了不起的。

知識點睛

英國醫生派翠克・斯特普托發明了試管嬰兒技術。

1978年7月25日，世界上第一個試管嬰兒在英國誕生。透過這項技術，現在如果女性不能正常排卵，以致卵細胞無法與精子結合成受精卵，醫生就透過手術將患者的成熟卵子取出，然後與患者丈夫的精子放在試管中受精，培養幾天後又送回女性的子宮裡，最後發育成胎兒，這就是試管嬰兒。

眼界大開

1971年7月22日，義大利一位35歲的婦女產下10女5男共15個胎兒，打破了一胎生育最多的世界紀錄。但由於胎兒的體重太輕，全部沒有存活。

巴西一名農婦，於1964年4月20日生下8男2女共10個胎兒。胎兒全部存活，並且已經全部成家立業，成為世界上多胎存活的最高紀錄。

02 胎兒的成長

常常看見幸福的爸爸貼在媽媽的肚子上傾聽小寶寶的動靜，也常聽到滿臉笑容的媽媽說：「小寶貝又踢了我一下。」寶寶在媽媽的肚子裡面有些什麼「娛樂」活動呢？現在，醫學家可以透過超聲波掃描觀察子宮中的胎兒，在電視螢幕上看清胎兒的一舉一動。

胎兒是可以看見東西的。他的眼睛在他睡覺或換姿勢時會移動。小胎兒還能感覺到一束照在母親的肚皮上的強光，通過子宮壁和羊水的強光就像穿過指縫的淡淡的手電筒光一樣。每當這個時候，胎兒就會把小臉朝向光亮的地方，並睜大眼睛。

胎兒還能聽音樂。據觀察得知，他喜歡每分鐘60拍左右，與母親的心跳速度十分接近的慢節奏音樂。當媽媽放音樂時，他會轉過頭來，用耳朵收聽外界的聲響。

胎兒長到四個月大的時候，舌頭上就開始發育出味蕾了。挑食的小寶寶特別喜歡甜味，而討厭苦味。

小寶寶還具有觸覺反應的能力。如果他的小腳丫被碰到，他會把腳丫張開，像把小扇子；如果小手被碰到，則會握起小拳頭。胎兒三、四個月大時已經具有排尿功能，有尿液積在他的小膀胱裡。現在研究得知，七個月大的胎兒每小時大約排尿10毫升，出生前夕，每小時可增加到27毫升。這些尿液和其他代謝廢物一樣，透過母親的胎盤排出體外。

胎兒長到八個月大，已十分好動了。在無意識中，他打呵欠、抓東西、吮吸手指。伸胳膊、蹬腿和伸懶腰，他還微笑、皺眉頭。甚至向母親做鬼臉呢！

人類是不是很神奇呢？從胎兒時期就開始了探索的歷程。

知識點睛

胎兒在母親子宮裡的生長發育速度是最快的，出生後的頭兩年，生長速度也比較快，然後逐漸變慢。

眼界大開

2000多年前的木乃伊可以復活嗎？柏林古博物館裡存放著一具死於約2430年前的埃及王子。科學家們從王子屍體上提取了一些細胞進行研究試驗，沒想到，經過一段時間，這些細胞竟然神奇地復活了。

科學家設想，如果把一些細胞的遺傳物質取出來經過一系列處理，就可以孕育一個2430年前的嬰兒了。

03 神奇的大腦

一天，一隻獅子、一隻小鳥和一個護林員相遇了。獅子開口說：「喂，你有我這樣的利爪嗎？你看，我能立刻讓前面的那隻兔子變成美味。」說完獅子真的就撲了上去，好一會兒，牠叼著兔子回來了。護林員對著遠處樹上的一隻鳥兒，「砰」的一槍，鳥兒被打落了。

獅子不做聲了。這時小鳥說：「我能在藍天自由飛翔，你行嗎？」

護林員指著遠處天空中的一架飛機說：「你瞧那個，我們人類可以坐著那個飛天啊！」

小鳥望著飛機點點頭也不說話了。是啊！我們人類沒有雄獅猛虎般的尖牙利爪，所以和獅子老虎硬碰硬地搏鬥，失敗的總是我們。我們也沒有鳥兒翱翔藍天的翅膀，但人類卻可以統治百獸。因為我們擁有一個強大的腦。

腦的工作是記憶我們看到、聽過的東西，同時進行不斷地思考。除此之外，腦還支配著我們的全身。就拿從書架上取下一本書這麼簡單的事情說吧：首先，大腦給眼睛下命令「找到書架上的書」；其次，眼睛找到書的同時，大腦命令手伸出去，把書從書架上取下來。在接到大腦命令以前，身體是不會做出任何動作的。

腦調節了我們身體所有的機能，沒有腦的身體將會是無法想像的。

腦一般可被分成三部分，第一部分就是位於大腦後部的「後腦」，這部分主要負責調節我們身體的站立等運動機能，還有簡單的記憶機能，如果沒有後腦，上體育課時我們就無法掌握身體的平衡，奔跑當然也是不可能的事。第二部分位於後腦的上方，叫做中腦（腦的中間部分）。

第三部分叫做前腦（腦的前部），也是所占面積最大的部分，人們把這部分的大腦分成左右兩部分，分別叫做「大腦左半球」和「大腦右半球」。

大腦相當於我們身體的「司令官」，也是給身體各部分下達命令的場所。因為有了大腦，我們的世界從此與眾不同了。

知識點睛

世界上總有一些人在某一方面特別聰明，而這些天才的數量是極少的。但美國加利福尼亞大學的布魯斯·

米勒博士成功地發現人類大腦內有「天才按鈕」。據說，人的大腦有個特別區域，它被一些神經所壓迫，如果能解開這些壓迫，使被壓抑的天分釋放出來，人的創造才能就會得到盡情發揮。

經過科學家研究發現，人的大腦能存儲的資訊容量非常大，能比得上一個大型圖書館的容量了，或者可以說我們的大腦能存下千百萬部DVD片。

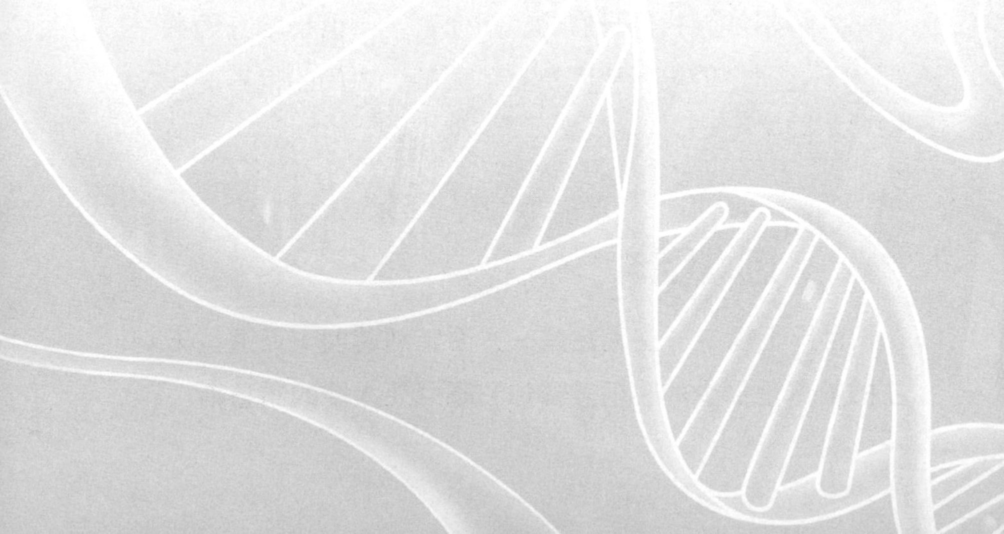

04 我們的「包裝」——皮膚

上課後，老師首先問了一個既簡單又複雜的問題，那就是「皮膚有什麼作用？」可不是嗎？皮膚是我們最常見的東西，但也往往最容易被我們忽略。相反，大腦、心臟等這些我們看不見的東西，我們的瞭解倒是比較多。但聽完老師的問題後，同學們還是積極回答。

小明說：「皮膚也在做著許多工作，皮膚阻止細菌、病毒等病原體進入到我們身體。」

小蘭說：「皮膚上的汗腺把身體裡老化的廢物透過汗液排出體外，並且在身體感到熱的時候，汗腺可以透過分泌汗液調節保持我們身體的溫度。」

老師聽完後，接著問：「手碰到熱的東西會感到燙，被別的小朋友掐到會感到疼，這是不是皮膚的功勞啊？」皮膚當中還有一種感受器叫做「觸覺感受器（簡稱觸點）」，感受接觸到的物體是柔軟還是堅硬，就是由這些「觸點」完成的。

正是因為有了它們，我們即使閉上眼睛用雙手觸摸，也可以大概辨別出觸摸物件是什麼。這種「觸點」在手指尖端分佈最多，這大概是我們勤於動手的緣故吧！但更讓人稱奇的是，視覺有障礙的人和一般人相比，手指尖端分佈的「觸點」更多。

因為盲人的「觸點」比普通人多，所以用拐杖敲打地面就可以清楚地感知到前方路上的障礙，這也就是盲人走路時用拐杖探路的原因。除此以外，皮膚還有一項非常重要的功能。那就是我們的皮膚可以在接受陽光照射的情況下，在我們體內合成維生素D，維生素D可是供給骨骼營養的重要營養素，如果人們少了它，就會得一種叫做「佝僂病」的骨骼疾病。

知識點睛

人類皮膚顏色不同，並不是因為含有不同色素造成的，而是與黑色素在皮膚中的含量分佈狀態（顆粒狀或分散狀）有關。膚色深的人種多集中在陽光充足的地方，像非洲的黑人；而陽光愈弱的地方，人體的膚色也越淺越淡，比如歐洲的白人。

眼界大開

中國歷史上四大美人中的西施和楊貴妃身上就帶有香氣，還有清朝的香妃也因香氣而聞名遐邇。即使是現代也不乏生來自帶體香的人。這些人的香氣是哪裡來的呢？科學家們猜測，那是由於皮脂腺分泌異常所造成的。

05 比鋼鐵還硬的骨骼

骨骼不僅構成了我們身體的框架，它還肩負著保護我們身體器官的重任。這天，一大早的，頭骨就對人體說：「如果沒有我頭骨的保護，哪怕是輕微的撞擊或是被什麼東西碰到，都會使腦受到傷害，腦是我們的司令官，而且又是脆弱而敏感的器官，哪怕是一點小傷害也會出現很嚴重的後果的，所以我的功勞大。」

聽頭骨這麼一說，肋骨不高興了，它陰沉著臉大聲說：「是我們肋骨把心臟、肺臟、肝臟等都包圍起來，假如沒有了我們，走路時哪怕是和別人輕輕地撞到一起，也會把我們的心臟撞壞或者把肺臟撞扁，我們也會因為無法呼吸，血液流動受阻而死去，還是我們的功勞大。」肋骨說完後，其他的骨骼也爭先恐後地說起自己的功勞。彼此爭執起來，各不相讓。

後來大腦說話了，它說：「你們的功勞都很大，正是有了你們，人才真正稱為人。而且我還要告訴你們一個讓你們自豪的事，那就是我們神奇的骨骼據說比鋼鐵

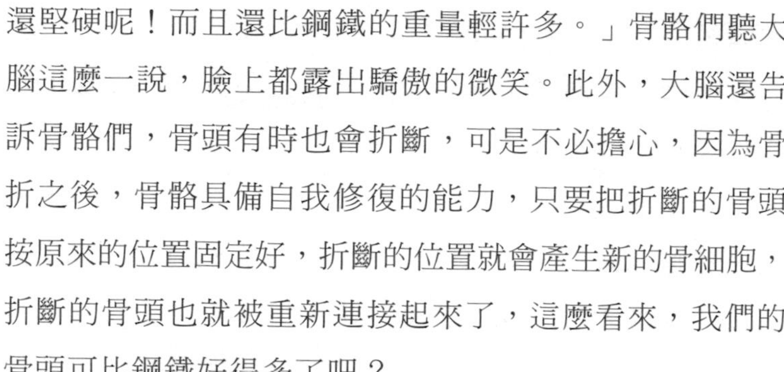

還堅硬呢！而且還比鋼鐵的重量輕許多。」骨骼們聽大腦這麼一說，臉上都露出驕傲的微笑。此外，大腦還告訴骨骼們，骨頭有時也會折斷，可是不必擔心，因為骨折之後，骨骼具備自我修復的能力，只要把折斷的骨頭按原來的位置固定好，折斷的位置就會產生新的骨細胞，折斷的骨頭也就被重新連接起來了，這麼看來，我們的骨頭可比鋼鐵好得多了吧？

最後大腦鄭重地告訴骨骼們要經常鍛鍊，否則它們就會變得脆弱，容易折斷或破碎，骨骼中的鈣也就會溶解到血液中，隨尿液排出體外，進而影響它們的成長。即使是太空人在太空中也堅持在狹小的太空艙內做運動，就是為了防止骨骼因缺乏鍛鍊變得虛弱。如果不做運動，等到他們重返地球走下太空梭時，骨頭可能無法承受身體的重量而折斷。

骨骼們聽完大腦的話後，都暗下決心好好鍛鍊。

知識點睛

骨骼小檔案

中文名：骨骼

英文名：skeleton

骨組織是由細胞、纖維和基質三種成分組成。其最大特點是細胞間質有大量鈣鹽沉積，結構堅硬。骨的細胞主要有三類：骨細胞、骨母細胞和破骨細胞。

在松質骨內還含有大量未分化定型的間充質細胞和造血細胞。間充質細胞具有分化能力，受到刺激（如骨折）時分裂、增殖，可分化成骨母細胞、破骨細胞和軟骨母細胞。骨母細胞又可轉化為骨細胞和破骨細胞。就這樣，骨骼才能不斷地健康成長。

眼界大開

拇指不同於其他四指，它只有兩節，拇指的這一結構，讓它可以發揮其最大的力學作用，來完成按、持、捏、夾、鉗等很多動作。

若拇指仍然保持3節長，活動便不可以兼備靈活和穩健兩個優點。而拇指3節的人，偶爾也可見到，這屬於返祖現象，是一種先天性的畸形。

06 神經系統的密碼

小飛問爸爸：「爸爸，我們的神經系統是怎樣下達指令的啊？」

爸爸想了想說：「那我們就以打蚊子這個動作來分析一下神經系統的指令吧。」

然後爸爸告訴小飛，在蚊子叮咬人們的時候，人們用手驅打蚊子的一瞬間，神經系統就在默默地為人們效勞。比如說正當你神志朦朧地似睡非睡，或者在聚精會神地看電視時，蚊子神不知鬼不覺地飛抵你裸露的某處皮膚上。當蚊子狠命地叮咬時，隱藏在皮膚中的感覺神經末梢立即產生神經衝動，它念叨著：「嘿嘿，你還以為我不知道呢！」然後神經末梢就把信號透過神經系統傳入你的大腦，使你產生癢的感覺。

收到命令後，大腦馬上發出尋找、驅打蚊子的命令，透過衝動神經一方面傳到眼睛，眼睛隨即開始搜尋肌體何處皮膚發癢，而這種癢的原因是否來自蚊子；另一方面傳到手的肌肉群，導致肌肉有的收縮，有的舒張，手開始動作向發癢的部位移動。然後，眼睛發現了貼在你腿上的蚊子，隨之手「啪」的一聲拍向那隻「吸血鬼」——蚊子。

我們可能感覺這一過程不就是個「手起蚊子落」的簡單過程嗎？其實不然，它也是一個很複雜的過程，因為大腦雖然接收到了癢的感覺資訊，但一時無法準確地判斷到底身體的哪個部位發癢，除此之外也要證實發癢的原因是不是真的為蚊子所為。這樣就需要不斷地得到來自眼睛的資訊。

眼睛根據大腦的指令起初也只能是進行大概範圍內的搜尋工作，掃描發癢皮膚上微微隆起、紅腫的痕跡，這時，皮膚表面類似蚊子大小的黑點或上下晃動的黑影都將成為眼睛注視的焦點。

逐漸地眼睛掃描的範圍不斷的集中，視線越來越集中於蚊子這一目標上，並持續不斷地把有關發癢部位和對蚊子蹤跡的資訊傳向大腦，大腦經過分析綜合，一次比一次更加準確地指揮手的肌肉群的收縮舒張，拍打蚊子的手於是從較盲目的移動轉變為準確地逼近蚊子。

在以上過程中還有聽覺資訊的參與，蚊子嗡嗡振動翅膀的聲音資訊同時也會傳到大腦。所以，經過皮膚、眼睛、耳朵、大腦和手之間多次反復的感覺傳入，大腦綜合調整手驅打蚊子的運動，並最終準確地打中蚊子。

這就是神經系統複雜而高級的指令。

知識點睛

神經系統小檔案

中文名：神經系統

英文名：NervousSystem

神經系統是由神經細胞（神經元）和神經膠質以及突觸等所組成，分為中樞神經系統和周圍神經系統，是人體的重要調節機構。它與內分泌系統、感覺器官一起完成對人體各系統和器官機能的調節和控制，進而使人體成為完整的統一體並保持內外環境的平衡。神經系統的機能可以概括為三點：適應、協調和思維。

眼界大開

透過自己所獨創的科學實驗，在消化生理學方面有突出貢獻，於1904年榮獲諾貝爾醫學和生理學獎。後來他致力於研究大腦生理，第一次對高級神經活動做了準確客觀的描述，並由此開啟了研究人類大腦皮層等一系列複雜的高級神經活動的一扇「窗戶」。他榮膺「生理學無冕之王」的稱號。

07 體內的處理工廠——肝臟

星期天，小紅跑到爸爸的書房問：「爸爸，我們身體內有那麼多的內臟器官，哪一個最大啊？」

「你是說個頭、重量嗎？」爸爸放下手中的筆問道。

「嗯。」

「要是論個頭最大、重量最重那就非肝臟莫屬了。對於像爸爸這樣的成年人來講，肝的重量相當於體重的1/50，大概1.5公斤左右吧。」小紅點了點頭，爸爸又告訴她肝臟個頭大、又重，但它也確實是我們身體當中最為忙碌的器官。至於它究竟有多少功能也沒有完全被世人所知。但就目前所知道的，肝所做的最重要的工作就是吸收營養成分，並把無用的廢物排出體外，這被稱為「物質代謝」。許多我們身體所必須的物質都是由肝製造或者轉換的，因此我們也可以把肝看做是一個大工廠。

首先，這個大工廠製造了我們身體所必須的葡萄糖。

肝中儲存著葡萄糖，並在適當的時候把它釋放到血液中。

如果肝中葡萄糖的儲存量不足，肝將把一種叫做「糖原」的物質轉化為葡萄糖，並釋放到血液當中。除了把葡萄糖轉化成糖原加以儲存外，肝臟還負責把蛋白質分解成氨基酸並根據身體各器官的需要，將氨基酸重組成所需蛋白質。

肝臟還負責消除我們身體當中的毒素，分解蛋白質的過程中會產生一種有毒物質——「氨」，氨在肝臟中經過複雜的處理，轉化成尿素，以尿液的形式被排出體外。

成年人所吸香菸及飲用的含酒精的飲料當中的有毒物質也是透過肝臟被分解掉的，我們生病時吃的藥也在肝中分解，如果這些藥片沒有被分解直接留在體內的話，可會有大麻煩的。除了以上的功能，肝還可以起到調節體內激素的作用等。

小紅聽完後，點了點頭說：「肝臟原來有這麼大的功能，真是塊頭大，功能也大啊！」

知識點睛

肝臟小檔案

中文名：肝臟

英文名：liver

人的肝臟位於腹腔，大部分在腹腔的右上部，小部分在左上部，是人體最大的實質性腺體器官，正常肝臟外觀呈紅褐色，質軟而脆。

肝臟形態呈一個不規則楔形，右側鈍厚而左側偏窄，上面突起渾圓，與膈肌接觸，下面較扁平，與胃、十二指腸、膽囊和結腸相鄰。肝上界與膈肌的位置一致，約在右側第五肋間，肝臟可隨體位的改變和呼吸而上下移動。

眼界大開

1965年9月17日，中國科學家人工合成了具有全部生物活力的結晶牛胰島素，是第一個在實驗室中用人工方法合成的蛋白質。稍後美國和聯邦德國的科學家也完成了類似的工作。

70年代初期，英國和中國的科學家又成功地用X射線衍射方法測定了豬胰島素的立體結構。這些工作為深入研究胰島素分子結構與功能關係奠定了基礎。

人們用化學全合成和半合成方法製備類似物，研究其結構改變對生物功能的影響；進行不同種屬胰島素的比較研究；研究異常胰島素分子病，即由於胰島素基因的突變使胰島素分子中個別氨基酸改變而產生的一種分子病。這些研究對於闡明某些糖尿病的病因也具有重要的實際意義。

08 小腎臟大作用

小玉的爸爸是位醫生，他還是位著名的內科專家，尤其擅長泌尿系統疾病的治療。

這一天小玉回家後就問爸爸糖尿病是怎麼回事，她同學的奶奶被診斷出得了這種病。爸爸聽完後問小玉是否知道腎臟這一器官，小玉說知道，老師曾經提到過。

爸爸想了想，然後告訴小玉說，腎臟的大小和小一點的拳頭相仿，重量也不過120～160克，它除了製造尿液以外，還負責調節身體中血液的濃度和水分的多少。因為我們身體中血液和體液的濃度如果不能保持一定的話，生命就會遇到危險，因此腎臟就如同心臟和大腦一樣重要。

別看腎臟那麼小，但每天卻有超過1000公斤的血液流經腎臟，腎臟中有許多叫做「腎單位」的小工廠，在這些小工廠裡，血液當中的代謝廢物就被過濾出來，並被製成尿液排出體外。

這麼重要的腎臟當中，如果有了異常，可是要生病的。例如，我們平時所知道的糖尿病就是由於腎臟工作異常引起的。當然它還與胰島素的分泌不足有關。

知識點睛

腎臟小檔案

中文名：腎臟

英文名：kidney

腎臟是成對的實質性器官，紅褐色，呈扁豆狀，位於腹膜後脊柱兩旁淺窩中，可分為內、外側兩緣，前、後兩面和上、下兩端。長約10～20公分、寬5～6公分、厚3～4公分、重120～150克；左腎較右腎稍大，腎縱軸上端向內、下端向外，因此兩腎上極相距較近，下極較遠，腎縱軸與脊柱所成角度為30度左右。

眼界大開

各種慢性腎臟疾病如果發展到尿毒癥期，藥物治療無效，只有透析治療或腎移植手術才能挽救生命。透析僅能清除體內產生的部分毒素，長期透析可引起一系列併發症，且長期不能脫離醫院，生活品質較常人差之甚遠。而腎移植是為病人植入一個健康的腎臟，術後可以徹底糾正尿毒症和終末期腎病的全身併發症，可以重返社會，生活品質與常人無異，這是每一位尿毒癥病人所嚮往的。而且長期費用要比透析少。

成功的腎移植可以使患者免除透析的必要，而且比腹膜透析或血液透析更能有效的治療腎衰。成功移植一顆腎能夠提供比透析多10倍的功能。

移植患者與透析患者相比，所受的限制更少，生活的品質更高。大多數患者比透析時感覺更好，更有體力。

但找到合適的移植腎的過程是複雜的，確定移植的腎與受者在血型和組織型上是否良好匹配，需要進行各式各樣的檢查。

即使是良好匹配的患者也不總是合適的受者。供者和患者需要都沒有感染和其他醫學問題，不會使患者的康復複雜化。

移植患者必須使用免疫抑制藥物預防移植腎被排斥。這些藥物具有副作用，會增加獲得一些感染，病毒和某種類型的腫瘤的風險。

移植患者需要一生服藥，或者至少在移植物還在繼續工作的時候服用。

09 美味的歸宿——胃

一天，一粒西瓜籽與一粒玉米相遇了，玉米高興地跟西瓜籽打過招呼後問：「老兄，聽說人類的胃把吃過的食物集中起來進行消化，食物一般要在胃中停留3～4個小時。在這期間，胃每隔20秒就蠕動一次，把食物和胃液攪拌在一起，使食物被充分消化。老兄，你說這胃怎麼就不把自己給消化掉了呢！唉，我就納悶了。」

西瓜籽想了想說：「我曾到胃裡遊覽過，幸虧靠著我這個特殊的外殼才沒被消化掉。我給你講講我的所見所聞吧。」

西瓜籽到胃後發現，胃裡有好多黏液，經過打聽，西瓜籽知道了那些液體叫做胃液，它是由很多種物質混合而成的，首先胃液中含有可以消化蛋白質的胃蛋白酶。胃蛋白酶的作用就是把食物中含有的蛋白質，分解成為塊頭較小一個個小塊，人們把它們叫「多肽」。

胃液中還含有鹽酸，那可是種很厲害危險的東西，能夠灼傷皮膚。鹽酸在胃中主要是為了殺死食物中的細菌的。

說到這裡，玉米粒就開始替胃擔心了，「那麼厲害的鹽酸在胃裡，胃哪裡能受得了啊？」

西瓜籽瞪了玉米粒一眼，玉米粒吐了吐舌頭，趕緊閉上了嘴巴聽西瓜籽說。原來，胃中有一種可以保護胃不受鹽酸和胃蛋白酶損傷的物質，叫做胃黏液。胃黏液緊緊覆蓋在胃的內壁上，使胃酸和胃蛋白酶所消化的食物都無法和胃壁直接接觸，這樣就阻止了胃酸及胃中消化液對胃的腐蝕了。

並且很神奇的是胃液在一般情況下是沒有的，只有在有食物進入到胃中之後，胃才開始分泌胃液。然後把已經消化過的食物一點一點慢慢地送到小腸裡去。

玉米粒吃驚地張大了嘴巴，半天都合不攏，它實在是太佩服胃了。

知識點睛

胃的小檔案

中文名：胃

英文名：stomach

胃，居於膈下，腹腔上部，在中國的中醫理論中將其分為上、中、下三部。胃的上部稱上脘，包括賁門；

中部稱中脘，即胃體部位；下部稱下脘，包括幽門。胃的主要生理功能是接納並對食物進行消化。

打嗝，又叫打呃或者是呃逆，是一種很常見的消化道因為刺激而發生的症狀。人之所以打嗝是因為在人體的胸腔與腹腔之間，有一層橫膈，就是由肌肉組成的膈肌。它不僅起到了分隔胸腔和腹腔的作用，它還有輔助呼吸的作用。

可是當這塊膈肌產生不正常的強烈地收縮時，就會導致空氣突然地被吸進氣管，因為同時還有聲帶的關閉，所以就會發出一種呃聲即打嗝。

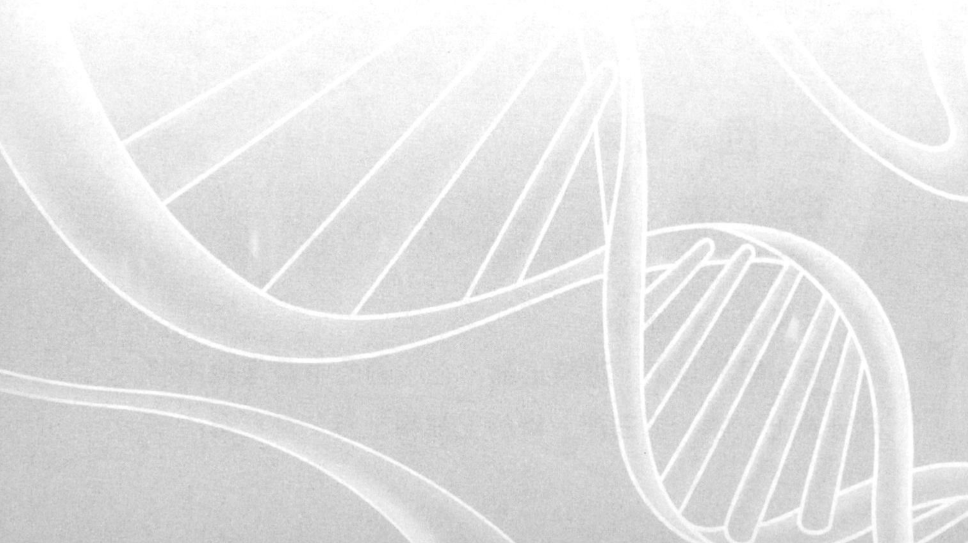

10 不易察覺的生命節奏——心臟

龍龍發燒住進了附近的醫院，他發現醫生每天都拿著那個叫「聽診器」的儀器放在自己胸前聽。一次醫生又來給他看病，他請求醫生讓自己也聽一下，醫生笑了，過了一會兒把聽診器放在了龍龍耳朵上。

「撲通，撲通」龍龍說，「那是什麼，是我的心臟在跳動嗎？」

醫生笑著摸了摸龍龍的頭說：「是啊，這就是你的心臟在跳動。如果不戴聽診器跳動的聲音不是很大，跳動的感覺也只有你自己才能感覺到，不信，你用手摸摸自己的胸口看。」

龍龍摸了摸說：「叔叔，我感覺到了。」醫生又告訴龍龍說：「心臟的長度大約12公分，重量也只有250～300克，實在算不上大塊頭，大小和我們的拳頭差不多吧。心臟全部的職能就是讓血液在我們全身不停地流動。塊頭不算大，職能不算多，但心臟確實是我們身體當中最重要的器官之一。如果心臟停止跳動，生命也就停止了。」

醫生還告訴龍龍心臟雖然只有拳頭般大小，但它的力氣可大得很。如果把心臟一天的工作量加在一起的話，一顆小小心臟的力氣可以與把一輛小汽車拉到20公尺的高處的力量相當。

如果把一顆心臟一生的工作量加在一起，據說就和把一個重30噸的物體運到世界最高的喜馬拉雅山上的工作量一樣。

知識點睛

心臟小檔案

中文名：心臟

英文名：heart

心臟位於胸腔內，膈肌的上方，二肺之間，約三分之二在中線左側。心臟如一倒置的、前後略扁的圓錐體。心尖鈍圓，朝向左前下方，與胸前壁鄰近，其體表投影在左胸前壁第五肋間隙鎖骨中線內側1～2公分處，故在此處可看到或摸到心尖衝動。

心底較寬，有大血管由此出入，朝向右後上方，與食管等後縱隔的器官相鄰。心臟可以分為左右心房和左右心室。心臟的主要作用是推動血液流動，向器官、組織提供充足的血流量，以供應氧和各種營養物質，並帶走代謝的終產物（如二氧化碳、尿素和尿酸等），使細胞維持正常的代謝和功能。

人體的大循環作用指的是：心臟就像一只血泵，日夜不停地工作著，透過動脈運送供應組織器官的氧氣和營養物質，然後經過靜脈把人體的代謝產物和二氧化碳送到排泄器官，進而保證了機體的新陳代謝，維持了機體內環境的穩定。

11 氧氣的處理站——肺

晚上，小雷的媽媽端上晚餐對小雷說：「看看媽媽給你做的木耳炒肉，多吃點，潤肺。」

「潤肺？為什麼要潤肺？」小雷不解地問媽媽。媽媽告訴他說，肺可是我們人體呼吸的大功臣啊。當空氣從我們的鼻孔進入鼻腔後，鼻腔裡的鼻毛阻擋住空氣中的灰塵，初步淨化後的空氣通過咽喉進入氣管。氣管上的纖毛朝上擺動，把空氣中剩餘的灰塵顆粒掃出去，乾淨的空氣就通過支氣管進入肺。肺中的支氣管反復分支成無數細支氣管，它們的末端膨大成囊，囊的四周有許多突起的小囊泡，這些就是肺泡，吸進來的氧氣就保存在肺泡中。當血液流經肺臟後，肺泡就把氧氣給紅細胞，讓它把氧氣帶到身體各處的組織細胞。

如果組織缺氧的話，就會死亡，所以說肺是呼吸作用的大功臣，又是身體與外界聯繫的通道。既然是這樣，我們當然要好保護它了。而且大量的研究也表明，有很多病菌都會順著呼吸系統進入人體，對肺乃至整個身體都造成傷害。

然後媽媽又告訴小雷，中醫講究食療、食補。從時令上看，秋天是五穀飄香的收穫季節，也是人們調養身心的大好時節。秋季養生不僅能防治秋季常見病、多發病，還能增強人體對秋季之後寒冷氣候的適應能力，改善體質。

「燥」是秋季氣候的特點。秋燥消耗津液，並從口鼻先行入肺。如果不及時化解，會出現口乾口渴、食欲不振、尿少便祕、體重下降、皮膚乾燥等現象。因此，秋季的養生主要應從養肺、潤肺、補肺入手。而養肺滋補的食物很多，比如木耳、荸薺、梨等。

小雷聽完媽媽的話之後說自己還不知道秋天進食還有這麼大講究呢，看來要好好注意著點，保護好肺。

知識點睛

肺的小檔案

中文名：肺

英文名：lungs

肺是進行氣體交換的器官，位於胸腔內縱隔的兩側，左右各一。肺的主要結構是由肺內導管部（支氣管樹）和無數肺泡所組成。肺上端鈍圓叫肺尖，向上經胸廓上口突入頸根部，底位於膈上面，對向肋和肋間隙的面叫肋面，朝向縱隔的面叫內側面，該面中央的支氣管、血管、淋巴管和神經出入處叫肺門，這些出入肺門的結構，被結締組織包裹在一起叫肺根。

左肺由斜裂分為上、下二個肺葉，右肺除斜裂外，還有一水準裂將其分為上、中、下三個肺葉。

眼界大開

小循環又叫肺循環，是一個氣體交換的過程。空氣中的氧氣透過肺泡壁滲透到毛細血管中，再由毛細血管進入肺靜脈回到心臟，二氧化碳來到肺的毛細血管通過肺泡壁排到肺泡中，然後呼出體外。血液經過肺循環後變成了含新鮮氧氣的血液再去供應身體的需要。

12 痰是怎樣產生的

上生物課的時候，老師講完課後就要在教室裡四處轉轉，看看同學們有些什麼要問的問題。當老師走到小剛身邊時，小剛舉起了手。老師問小剛有什麼問題，小剛就把心中的疑惑說了出來，原來他是想問老師喉嚨裡的痰是怎麼產生的。

老師告訴小剛，在氣管當中有許多的士兵和清潔工，雖然鼻腔當中的鼻毛可以阻擋灰塵的進入，鼻涕也可以殺死一部分細菌，但畢竟還是有一部分倖免於難的細菌和灰塵通過了鼻腔這一道防線。然後這部分細菌又隨氣流往裡進，當它們到達氣管時，氣管壁上有一層黏黏的液體，這些像膠水一樣的液體會把進來的細菌全都抓住，並分泌出一種叫做「溶菌酶」的物質，把它們一網打盡。

氣管當中也有許多清潔衛士，我們吸入體內的不只有空氣，還有許多灰塵，清潔衛士就是負責清理這些沒有被鼻毛擋在外面的灰塵，它們為了氣管的清潔勤奮地工作，據說平均下來，它們每分鐘要運動200多次呢。

清理出來的這些垃圾該如何處理呢？在日常生活中我們都知道是垃圾就應該收集扔掉。而在我們的氣管內，收集這些垃圾的重任就落到了「痰」身上，痰所做的工作就是把清潔衛生清理的灰塵和被殺死的細菌收集匯合到一起，所以在空氣不太好的地方，我們就會感到喉嚨裡的痰很多。

講完這些後，老師問了一句：「現在明白了嗎？」

「謝謝老師。我要回家把它告訴奶奶。」小剛說。老師笑著繼續走向另一位同學。

知識點睛

溶菌酶小檔案

中文名：溶菌酶

英文名：Lysozyme

溶菌是一種專門作用於微生物細胞壁的水解酶，又稱細胞壁溶解酶。人們對溶菌酶的研究始於20世紀初，英國細菌學家弗萊明在發現青黴素的前6年（1922年）發現人的唾液、眼淚中存在有溶解細菌細胞壁的酶，因其具有溶菌作用，故命名為溶菌酶。此後人們在人和動物的多種組織、分泌液及某些植物、微生物中也發現了溶菌酶的存在。隨著研究地不斷深入，發現溶菌酶不僅有溶解細菌細胞壁的種類，還有作用於真菌細胞壁的種類。

因此溶菌酶按其所作用的微生物不同分兩大類，即細菌細胞壁溶菌酶和真菌細胞壁溶菌酶。

我們的唾液是一種無色無味的液體，裡面含有澱粉酶，能把澱粉消化成麥芽糖。此外，它還含有一種叫做「溶菌酶」的物質，大部分細菌聚到溶菌酶都會被很快殺死。所以有的人在受到小傷時，會把唾液塗在傷口，保護傷口不被感染。另外，唾液中還含有生長因數，能促進傷口癒合並減輕疼痛。

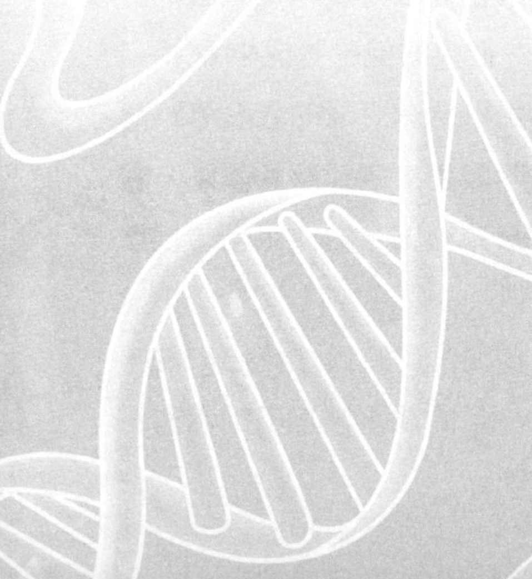

13 眼睛能顯示你的健康狀況

小紅去醫院做檢查時，醫生讓她張開口給她查看口腔健康，又讓她歪一下頭，查看了她的耳朵。然後，醫生又撐開她的眼睛檢查了一番。小紅對醫生看眼睛的說法很不理解，她大聲說：「我眼睛沒毛病啊。」

醫生笑了笑說：「我要看看妳的眼睛，才可以知道妳的健康狀況是怎麼樣的啊。眼睛沒有異常的話就可以知道一個人的腦部沒有受到損傷，因為眼球是大腦的一部分。從眼睛中就能反映出一個人的健康狀況來。」

聽醫生這麼一說，小紅覺得挺有意思的，趁著沒有別的病人等著看病，小紅就問醫生人為什麼眨眼睛。醫生告訴她眨眼睛是為了把淚腺分泌出來的淚水均勻地塗在眼球表面，保持眼球的濕潤。

另外，淚水並不是只有在哭泣的時候才流出來的，一般情況下我們眼中也存在少量的淚水，有了淚水的潤滑，眼球的轉動才會更加自如。萬一眼淚沒了，眼睛就會乾枯，眼球的轉動也會很吃力的。

淚水還有一個重要的作用就是洗去眼中的灰塵，並殺死進入到眼睛當中的細菌。正是為了把這麼重要的淚水均勻地塗在眼球表面，眼睛才總是會不停眨呀眨的。

最後，醫生告訴小紅，眼睛是由淚水來保持清潔的，所以平時我們大可不必用水來洗，弄不好就會誘發眼病或損傷眼球，眼睛一定要小心保養，隨便觸摸或揉搓都是不可以的！

知識點睛

近視是因為我們看書、寫字時姿勢不正確，或長時間近距離看電視、打遊戲機、玩電腦，或家族遺傳等原因，造成了眼球前後徑拉長，物體不能倒映在視網膜上形成清晰的影像，所以感覺遠處的物體變得很模糊。

而遠視則是眼球的前後徑過短，使影像落在視網膜之後，或者是先天因素導致角膜、晶狀體的彎曲度變小等原因引起的。這種情況下，常常是看不清楚近處的物體。

眼界大開

1983年的一天，16歲的義大利少年耐戴多・蘇比諾去醫院看病。在候診室裡，他隨手拿起一本雜誌閱讀以打發時間。可沒想到，一會兒，雜誌竟神奇地燃燒起來，嚇得蘇比諾扔下雜誌奪門而出。後來經過醫生檢查發現，原來他的眼睛可以噴射出灼熱的火焰，但醫生也無法解釋這一奇怪的現象。

14 死掉的細胞——指甲

一天中午，手指甲對腳趾甲說自己剛與手指頭吵了一架，但沒分出勝負。沒想到腳趾甲也剛和腳指頭吵了一架，結果也沒分出勝負。最後，手指甲與腳趾甲決定組成聯盟，先收拾手指頭，再教訓腳指頭。

於是它們氣勢洶洶地找到了手指頭大罵出口，它們倆你一句我一句的，把手指頭給說哭了。手指甲還揚言要脫離手指頭的懷抱。它們罵了手指頭後，又要如法炮製，去找腳指頭算帳。這時，大腦開口了，它先讚揚了手指頭與腳趾甲一番。

大腦告訴它們因為人總是在使用手和腳，所以它們就總有受傷的危險，手指在製作東西時或者搬運重物時都容易受傷，而在走路時腳趾也會踢到石塊，或者被別人踩到，當然就需要堅硬的手指甲和腳趾甲的保護了。

如果沒有手指甲和腳趾甲，人們將無法緊握東西也不能長時間行走，皮鞋或者其他的鞋子對人們也將沒有什麼用處了。

所以，沒了手指甲和腳趾甲的包容呵護，人們的手腳一定會變得傷痕累累、滿是傷口。大腦還告訴手指甲和腳趾甲一個一直困惑他們的身世之謎：手指甲和腳趾甲是由一種叫做「角蛋白」（也叫做角質）的蛋白質構成的，因為質地強韌，所以不容易折斷或碎裂。

馬蹄、鳥爪、牛角雖然形狀各不相同，但都是和人的手指甲、腳趾甲一樣，是由「角蛋白」構成的。神奇的角蛋白可以不斷地被人類的身體製造出來，這樣手指甲和腳趾甲就可以一直生長下去了。

大腦說完這些後又說了一句：「手指甲與腳趾甲應通力合作，而不能破壞團結。」

知識點睛

手指甲和腳趾甲只有根部是活的組織，我們用眼睛可以看到的部分已經是沒有生命的了。正如在澡堂洗澡時清除掉的身體上的污垢，死掉的手指甲和腳趾甲也是要不斷長出來的，我們剪指甲時不覺得疼，就是因為它們已經是沒有生命的了。

眼界大開

1998年，一個印度人創造了世界上最長的指甲的紀錄，他左手指甲總長度為6.15公尺，五隻手指的指甲長度分別是1.42公尺、1.09公尺、1.17公尺、1.26公尺、1.21公尺。這項紀錄已被列入《金氏世界紀錄大全》。

15 身體的各部分都很重要

一天早晨爸爸正在洗臉，小菲走過去說：「爸爸的鬍子好長喔！」

「是啊，去把爸爸的剃鬚刀拿過來吧？」爸爸說。

「爸爸，你臉上的鬍子好像沒有什麼用啊。整天還得理，多麻煩啊！」

「你可別小看我的鬍鬚，這鬍鬚就像我們身上的汗毛一樣，可以保護我們的身體，還能調節身體的溫度呢！」小菲等爸爸刮完鬍鬚後，又說：「爸爸，你說我們的身體中有沒用的東西嗎？」

「當然沒有。」爸爸回答說。

「我看指甲好像沒有用，卻總是要剪。」小菲又說。爸爸搖了搖頭說小菲的想法是不正確的。如果沒有了指甲問題可就大了。因為我們的雙手每天要做許多事情，所以隨時都有受到損傷的危險，如果有了指甲的保護就不受傷害了。並且，在手指緊握住東西和用手向下用力按時，指甲還可以防止手指折斷。因為有了指甲，我們才可以握住東西，才能夠用手去擠或者按別的東西。

所以，人體中沒有用的部分是不存在的，哪怕是再細小的汗毛，它的存在也是有理由的。就連我們看做是污濁不潔之物的鼻涕、口水也都在盡職盡責地工作著。所以說人體所有東西都是寶貝，我們一定要保護好。

知識點睛

印度主持斑達拉桑迪的頭髮長達7.9公尺，他也因此成為世界上頭髮最長的人。不過他的頭髮是纏結在一起的，據專家所說，這很可能是一種糾髮病。

眼界大開

現代醫學認為，男性體內的雄性激素使得男子長出鬍鬚，因為男子上唇以及兩腮部的毛囊裡含有一種雄激素的受體，對雄激素的作用相當敏感，這是促使鬍子生長的主要原因。但在女人體內，這種雄激素十分少而占絕對優勢的是雌激素，它不會促使毛髮的生長。

假如男女出現了反常現象：男人不長鬍子，而女人長鬍子，那極有可能就是雄激素的分泌出了問題。

Part 4 有關微生物的世界

20 世紀 50 年代以前，由病原引起的傳染病和各種炎症是人類健康的最大威脅。

其實從 19 世紀後半葉以來，隨著微生物學的發展，人們已經陸續發現了寄生蟲、細菌。進入 20 世紀後，人們又進一步認識了螺旋體和病毒等病原微生物，為人類的健康打開了一扇窗子。

隨著對微生物認識地進一步加深，人們逐漸認識到有一些微生物可以為人所用，比如人們從青黴中提取出抗炎類藥青黴素，可以利用微生物清理環境，甚至於利用微生物勘探石油。

現在生命科學已成為前沿學科之一。基因、DNA、基因工程、生物技術等，不僅僅是科學家們關心的主題，它們也日益成為普通百姓談論的話題。對於DNA 的理解將使我們在21 世紀經受一次人類自身進化的風暴。

01 走進微觀世界

1665年，列文虎克終於自己研製出了第一台顯微鏡，這是世界上第一台顯微鏡，也是列文虎克的一張走向微觀世界的通行證。列文虎克用顯微鏡觀察一些肉眼很難看清楚的東西，比如，蒼蠅的翅膀、蜘蛛的腳爪等。他不停地觀察，不停地記錄。

1675年的一天，忽然下起了滂沱大雨，狹小的實驗室又黑又悶，列文虎克無法再在顯微鏡下觀察了，便站在屋簷下，眺望從天飛落的雨水。忽然，他萌生了一個念頭：想看一看雨水裡面是不是還有什麼東西？

於是，他用吸管在水塘裡取了一管雨水，滴了一滴在顯微鏡下，進行觀察。

「雨水怎麼會活？」列文・列文虎克不禁大叫起來。原來，他看到雨水裡有無數奇形怪狀的小東西在蠕動。起初他十分驚駭，就連忙大聲呼喚自己的女兒，女兒聽到父親的喊叫聲，以為實驗室裡發生了什麼意外的事，於是直奔實驗室。女兒也看到了這種奇觀。

列文虎克並沒有放棄對這個問題的探索，他叫女兒用乾淨的杯子到外面接了半杯雨水，然後取出一滴，放在顯微鏡下，結果沒有看到什麼東西。可是，過幾天再觀察，杯子裡的雨水又有「小居民」了。因此，列文虎克得出結論：這些「小居民」不是來自天上的。

自從在雨水裡發現「小居民」後，列文虎克又轉向研究其他東西，他想其他東西中是否也存這樣的「小居民」呢？他將別人的牙垢取下來觀察，又將泥土取來，稀釋後觀察，結果也看到了「小居民」。列文・列文虎克將這些實驗記錄，寫成實驗報告，寄給了英國皇家學會。最初絕大多數的科學家對列文虎克的報告持懷疑的態度，所幸英國皇家學會組織了由12名學術權威組成的考察團乘船渡過北海，來到列文虎克的家鄉——荷蘭的德爾夫特。

在列文虎克家，科學家們在列文虎克自製的顯微鏡下，觀察到了水中的「小居民」。他們激動萬分，紛紛稱讚列文虎克的發現「具有里程碑的意義」。考察結束後，他們向英國皇家學會提交了書面報告，報告稱：「列文虎克在他的小實驗室裡創造了奇蹟！」

列文虎克發現的「小居民」就是後來人們所說的細菌。他的這一發現，打開了微觀世界的一扇視窗，開創了微生物學這個全新的領域。透過這扇視窗，人們就可以看到一個神奇的微觀世界。1680年，列文虎克被選為英國皇家學會會員。這是對他20年來刻苦鑽研的最好褒獎。

知識點睛

細菌小檔案

中文名：細菌

英文名：Bacterium

細菌是屬於原核型細胞的一種單胞生物，形體微小，結構簡單。沒有成形細胞核，也無核仁和核膜，除核蛋白體外無其他細胞器。在適宜的條件下其保持相對穩定的形態與結構。一般將細菌染色後用光學顯微鏡觀察，可識別各種細菌的形態特點，但是它內部的超微結構須用電子顯微鏡才能看到。研究細菌的形態對診斷和防治疾病以及研究細菌等方面的工作，具有重要的理論和實踐意義。

眼界大開

1931年，德國科學家盧斯卡和諾爾根據磁場可以會聚電子束這一原理發明了世界上第一台電子顯微鏡。在電子顯微鏡下我們可以看見比細菌小得多的病毒。

02 醬油上的白花

入夏的一天傍晚，媽媽讓文文去買瓶醬油，醬油買回來了，媽媽打開一看，上面浮著一層白花。於是媽媽說醬油有問題，文文想不明白：這醬油是今年5月份產的，肯定沒過期；醬油瓶密封得也挺好的。於是，晚上他去書房問爸爸。

爸爸從他們家的書架上找出一本書，看過後，他告訴文文，這是一種很常見的現象。尤其是在初夏到深秋之間，在醬油的表面，常常可以看見一朵朵白色的「花」——白浮。這些白浮最初只不過是一個個白色的小圓點，但是這些小圓點一天天變大，成了有皺紋的被膜，日子久了，顏色漸漸轉為黃褐色。這一現象，叫做醬油發黴或醬油生花。

醬油的生花，主要是一種產膜性酵母菌寄生、繁殖而成的。據研究，這種酵母菌大約有七八種之多。這些酵母菌大都是杆狀的或球狀的，用孢子進行繁殖，這些孢子輕而小，在空中到處飛揚，落到醬油中便生子生孫，大量繁殖起來。

雖然產膜性酵母菌是醬油生花的禍首，但這與外界條件也有關係：首先是氣溫。產膜性酵母菌最適宜的繁殖溫度是30^0C左右。因此在一年之中，夏、秋繁殖很盛，寒冬則繁殖較難。其次與衛生環境的不潔有關。醬油廠灰塵多或工具不潔，使產膜性酵母菌混進了醬油。再者，它還與醬油成分有關。醬油鹽量高，不易生花；含糖量高，則易生花。醬油生花，會使醬油變質、變味。為了防止醬油生花，人們也想出了許多辦法：例如，把醬油加熱或暴曬，進行殺菌；把醬油瓶蓋緊蓋子；在醬油上倒一滴菜油或麻油，使醬油與空氣隔絕；盛醬油的容器，事先要煮沸過。另外，切忌在醬油中摻入生水。

知識點睛

酵母菌小檔案

中文名：酵母菌

英文名：saccharomycete

酵母菌屬單細胞真菌。一般呈卵圓形、圓形、圓柱形或檸檬形。菌落形態與細菌相似，但較大較厚，呈乳白色或紅色，表面濕潤、黏稠，易被挑起。生殖方式分無性繁殖和有性繁殖。酵母菌分佈很廣，在含糖較多的蔬菜、水果表面分佈較多，在空氣土壤中較少。

眼界大開

酵母菌在釀造、食品、醫藥等工業上佔有重要的地位。早在4000多年前的殷商時代，中國就用酵母菌釀酒。

03 有益的黴菌

當我們感冒發燒需要輸液時，醫生會在輸液前在我們手臂上做皮膚試驗，以此確定我們是否對青黴素過敏。別小看瓶子裡的那一小簇白色的粉末，它的功勞可不小呢。青黴素的發現也是一個很長的過程。

青黴素，按英文譯音叫盤尼西林。其拉丁文原意非常古怪：毛筆。原來，人們是從毛筆一樣毛茸茸的黴菌裡，提取盤尼西林的，所以就給它取名「毛筆」。

我們偉大的祖國在2500年以前，就有人用豆腐上的黴來醫治癰、癤等疾患。在歐洲的希臘、塞爾維亞，古代也曾把發了黴的麵包放在化膿的創口上，用來消炎。可見，在古代人們就知道用青黴素消炎了。

1640年，英國倫敦的醫生巴爾金森曾經這樣寫過：

「古墓裡死人腦蓋所產生的黴具有奇異性能，可以醫治傷口而不用貼膏藥。」19世紀70年代，俄羅斯醫生馬納辛和柏洛切勃夫，也曾用青黴放在傷口上，用來給病人治病。

許許多多國家的醫生們早就知道了青黴能夠殺菌，但對青黴素為什麼能夠殺菌卻一直都不明白，直到1929年，這個問題才第一次被弄清楚。那麼，青黴素究竟為什麼能夠殺菌呢？英國的細菌學家亞歷山大・佛萊明從青黴中提取出白色的結晶體，證明它具有極強的殺菌能力，並把這種物質叫做「青黴素」。

不過，佛萊明最初製的青黴素質地不純，性質也很不穩定。1940年，人們才製得了較純淨的青黴素，並開始大規模地生產。

青黴素是青黴菌分泌的一種抗生素，能夠殺死鍊球菌、葡萄球菌、肺炎球菌、淋球菌、腦膜炎球菌等，醫療範圍有點和磺胺類藥相近。但青黴素的殺菌本領非常強，把它用水沖稀30萬倍，也能有效地阻止葡萄球菌的生長，殺菌效力遠遠超過磺胺類藥物。

除了青黴素以外，青黴素的姐妹們——鍊黴素、氯黴素、金黴素等，也都是從各種黴菌分泌液中提取出來的抗生素，它們的殺菌能力也非常強，是現代著名的藥物。

知識點睛

青黴素小檔案

中文名：青黴素（盤尼西林）

英文名：penicillin

青黴素是抗生素的一種，是從青黴菌培養液中提製的藥物，是第一種能夠治療人類疾病的抗生素。

小朋友們都知道在輸液時，如果藥品中有青黴素的話，要事先進行皮膚測試，看一下是否對青黴素過敏。但是你知道嗎？在口服青黴素製劑時也要進行皮膚測試。因為所有抗生素類藥物都可以引起過敏反應，而在藥店買一些像阿莫西林等的藥品時，工作人員很少提醒顧客做皮膚測試，即便如此，你也應該先做皮膚測試。

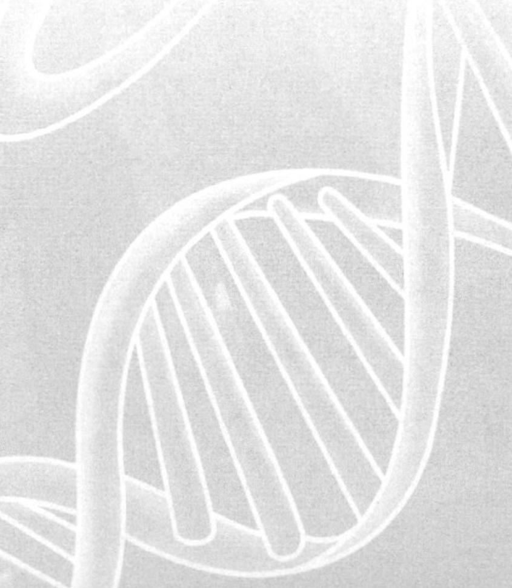

04 狂犬病研究室與病毒發現

19世紀80年代，巴斯德開始研究征服狂犬病的方法，經過反覆實驗後，他製成了一種疫苗。

隨後，他牽了兩隻狗，先讓瘋狗把這兩隻狗咬傷，然後對其中一隻用特殊的方法注射疫苗，另一隻不採取任何措施。結果，那隻沒採取措施的狗得了狂犬病死了，而注射疫苗的狗卻躲過了鬼門關。巴斯德由此得出了結論，免疫注射法對已被瘋狗咬傷的狗同樣有效。

1885年，巴斯德在狗身上進行的狂犬病免疫治療的報告受到廣泛的好評，但由於治療過程中要用到有毒性的脊髓，考慮到人命關天，巴斯德一直不敢在人身上做試驗。但是，終於有一天，形勢迫使他不得不下決心把這種疫苗用到人身上。

1885年7月的一天，巴斯德的實驗室來了一位可憐的遠方小客人墨斯特，他是在上學途中被瘋狗咬傷的。他的父母急得暈頭轉向，四處求醫都沒有結果。他們懷著最後一線希望，來到巴斯德處治療。巴斯德通過檢查後確認墨斯特已感染狂犬病原。假如對他進行注射疫苗的治療，他就有死裡逃生的可能，否則，就只能等死。

當晚，巴斯德決定給墨斯特注射用乾燥了十四天的脊髓製作的疫苗，第二天注射十三天的，然後是十二天的、十一天的，共注射了14次。巴斯德詳細觀察和記錄了墨斯特的病情。治療終於獲得了成功，墨斯特戰勝了死神，又回到了學校。墨斯特長大以後，為了報答巴斯德的救命之恩，主動要求到巴斯德研究所做一名看門人，而他的名字也隨這段故事被載入科技史。

在研究狂犬病的過程中，巴斯德還有一項才意外地發現。因為他想盡了辦法都無法用顯微鏡找到引起這種狂犬病的病原微生物，也無法用一般培養細菌的培養基來培養它，這激起了他刨根問底的決心。通過仔細研究，他發現這是一種比細菌更小，能通過細菌篩檢程式的微小生命。這種生命後來被稱作病毒。巴斯德也因此成為第一個發現病毒的人。

知識點睛

病毒小檔案

中文名：病毒

英文名：virus

一個世紀前，科學家們相信，傳播疾病的微生物是細菌。但直到1939年，人們才終於看見了體積一般只有細菌百分之一大小的病毒。現在我們知道，病毒的形狀和大小千差萬別。

體積最大的病毒，像天花一類的疹類病毒直徑約0.003公釐。在病毒的蛋白殼體內含有病毒的DNA，能使被感染細胞對病毒進行複製。體積最小的是小核糖核酸病毒，直徑只有幾千個原子疊加起來的長度，但這麼小的病毒仍能使人嚴重感冒好幾天。

巴斯德（LouisPasteur，1822～1895年），法國微生物學家、化學家，近代微生物學的奠基人。他一生進行了多項探索性的研究，取得了重大成果，他的理論和免疫法引起了醫學實踐的重大變革。

他還成功地挽救了處於困境中的法國釀酒業、養蠶業和畜牧業。他的對飲料加熱滅菌的方法，被後人稱為巴氏消毒法。直到今天，許多企業還在運用巴氏消毒法進行食品消毒處理。

05 抗生素功臣——放線菌

一天爸爸問樂樂：「醫生常常用頭孢黴素、螺旋黴素、慶大黴素、利福黴素、鍊黴素等抗生素為病人治病，使許多病人轉危為安。你可知道生產抗生素的主角是誰嗎？」

樂樂查了很多資料後，告訴爸爸說：「生產抗生素的主角就是一種被稱作放線菌的細菌。目前已經發現的抗生素有近60000種，其中4000多種是由放線菌產生的。」

爸爸很高興樂樂已經養成勤於動手動腦的好習慣，接著爸爸又讓樂樂介紹一下放線菌。於是樂樂又向爸爸做了仔細地介紹，原來放線菌是一種原核生物，細胞構造和細胞壁的化學組成都與細菌十分相似，因菌落呈放射狀而得名。實際上，它們是細菌家庭中一個獨立的大家庭，如果按照革蘭氏染色法進行分類，放線菌是一類革蘭氏陽性細菌。

然而，放線菌又有許多真菌家族的特點，例如菌體呈纖細的絲狀，而且有分支。所以從生物進化的角度看，它是介於細菌與真菌之間的過渡類型。

放線菌有許多交織在一起的纖細菌體，叫菌絲。當放線菌在固體營養物質上生長時，不同的菌絲分工不同，有的扎根於它們的食物中「埋頭大吃」，不用說這肯定是專管吸收營養的營養菌絲，又因為這些菌絲是生長在培養基內的，因而也稱為基內菌絲；有的菌絲朝天猛長，這是由營養菌絲發育後形成的氣生菌絲。

放線菌長到一定階段，便開始「生兒育女」了。它們先在氣生菌絲的頂端長出孢子絲，成熟之後，就形成各式各樣形態各異的孢子。

孢子的外形有的像球，有的像稈子，還有的像瓜子。它們可以隨風飄散，遇到適宜的環境，就會在那裡「安家落戶」，開始吸收水分和營養，萌生成新的放線菌。

放線菌平時最樂意住的地方就是有機質豐富的微鹼性土壤，這種土壤所特有的「泥腥味」就是由放線菌產生的。放線菌中絕大多數是腐生菌，能將動植物的屍體腐爛、「吃」光，然後轉化成有利於植物生長的營養物質，在自然界物質循環中立下了不朽的功勳。科學家根據不同的放線菌的特點製成抗生素，幫助人類抵抗病菌的騷擾。

除了生產抗生素外，放線菌在工業上還有大貢獻呢。例如，利用放線菌還可以生產維生素B12、β胡蘿蔔素等

維生素，生產蛋白酶、溶菌酶，以及用於生產高果糖漿的葡萄糖異構酶等酶製劑。

另外，放線菌在石油工業和汙水處理等方面也可發揮一技之長。為了使自己的說法生動形象，樂樂還拿出書中的圖片給爸爸看。

知識點睛

抗生素小檔案

中文名：抗生素

英文名：antibiotic

抗生素也叫抗菌素，它是從微生物及動物、植物代謝產物中提取或人工合成的化學物質，能抑制或殺滅一種或多種微生物，廣泛應用於醫療、畜牧、農林和食品工業上。

眼界大開

瓦克斯曼為了尋找制服結核病的抗生素，鑑定了泥土中的細菌種數達8000種，從土壤中成功地培養出了一種藥物後，又經過一萬多次實驗，才發現了理想的新藥物——一種灰色放線菌，並幾經努力才製成新藥鍊黴素。可見，完成一項造福人類的偉大發明發現，不僅需要韌性，還需要嚴謹的治學態度。

06 美味的真菌

什麼樣的微生物最美味可口？很多人可能會反問，微生物也可以吃嗎？不過，相信我們中的每個人都吃過蘑菇。所以答案是肯定的。我們日常食用的美味可口的蘑菇等都屬於微生物中的真菌，它們是可食用菌，大部分屬於擔子菌——這是一類最高級的真菌。

有統計數字顯示，在已知的550種左右食用菌中，擔子菌占95%以上。可食用和有醫用價值的常見擔子菌有香菇、鳳尾菇、金針菇、草菇、竹蓀、牛肝菌、木耳、銀耳、猴頭菌、口蘑、松茸、靈芝、茯苓、馬勃等。

常有人把這些食用菌誤認為是植物。這不，蘭蘭和冬冬又為此事而吵起來了嗎？最後，他們兩個鬧到了博士爺爺家中。冬冬大聲嚷著：「爺爺，爺爺，您說蘑菇是植物吧？」蘭蘭馬上喊：「是微生物中的真菌。」

「不對……」

「你才不對……」

爺爺明白是怎麼回事了，他說：「孩子們，別吵了，我來告訴你們吧。」冬冬他們這才靜下來，仔細聽博士爺爺講解。

爺爺告訴他們，蘑菇等食用菌與植物有本質的區別。擔子菌不含葉綠素，不能靠進行光合作用獲得能量。無論它們的細胞結構還是繁殖方式都與其他真菌類似，只是更複雜一些。它們往往形成較大的個體，稱為子實體。

食用菌營養豐富，首先它含有豐富的蛋白質。這些蛋白質中所含的氨基酸的種類齊全，尤其是人體所需的氨基酸全部可以供給，例如，在蘑菇、草菇和金針菇中含有豐富的一般穀物中缺乏的賴氨酸，因此最適於用來補充人體所需的賴氨酸。

另外，食用菌中所含的維生素十分豐富，有B族維生素，維生素K、維生素D、維生素C、維生素PP、泛酸、煙酸、葉酸、維生素H等。現在你們明白了吧？」

冬冬和蘭蘭點點頭，高高興興地出去玩了。

知識點睛

真菌小檔案

中文名：真菌

英文名：fungus

菌體由菌絲組成，無根、莖、葉的分化，無葉綠素，不能自己製造養料，以寄生或腐生方式生活的低等生物。

真菌的種類很多，分鞭毛菌、接合菌、子囊菌、擔子菌和半知菌五類。

真菌菌絲呈管狀，多數菌絲有隔膜，此類菌絲為多細胞，隔膜中央有小孔，使細胞質、細胞核得以通過。有些真菌的菌絲無隔膜，為多核細胞。

真菌以無性生殖和有性生殖兩種方式進行繁殖，廣泛地分佈在自然界中，與人類關係十分密切。

眼界大開

銀耳，又稱白木耳，含蛋白質、磷脂、鉀、鈣、磷、鐵、鎂等礦物質和多種微量元素，以及多糖、粗纖維等。據報導，銀耳多糖有抑制腫瘤生長的作用，銀耳的其他成分如粗纖維和鈣也有預防癌症的作用。

有人證實，銀耳製劑可提高機體的免疫功能，增強巨噬細胞的吞噬作用，增加免疫球蛋白含量，進而抑制癌細胞的生長。銀耳作為一種抗癌食品，正在備受重視。

07 環境小衛士

明明是一名很愛動腦筋的小學生，遇事總喜歡刨根問底，也因此他懂得了許多知識。有一天的生物課上，老師告訴同學們這樣一件事。

重金屬和放射性元素等污染物，一般在土壤和水體中的濃度不會太高，但許多生物體具有攝取和累積重金屬的能力，例如某些水生生物體內富集的重金屬濃度可達周圍環境中濃度的數百至數萬倍。

這些被低等生物攝入的重金屬沿食物鍊逐漸轉移，而且在被高等動物和人體吸收後，會在內臟中長期累積，達到一定的濃度後而呈現毒性。因此，環境中即便只存在極少量的重金屬和放射性金屬元素，就有可能造成嚴重的危害。明明聽完老師的話後就想現在科學家們研究出解決的辦法了嗎？

放學後，明明去了學校的圖書館，他查閱了許多資料，雖然有些字他都還不認識，但在圖書館中阿姨們的幫助下，他終於發現目前防止這種危害的最有效的途徑之一，就是對受污染的土壤或水體進行突擊性地處理，以去除其中的大部分重金屬元素。美國科學家利用重組DNA技術，構建了具有超強的吸附重金屬能力的大腸桿菌，採用它可以有效去除重金屬。

那麼，是什麼樣的改變讓大腸桿菌具有非同一般的吸附重金屬的能力呢？明明又找到了答案：原來，在此之前已經有科學家發現，某些植物、酵母和藻類會合成一類稱為「植物整合素」的短肽，它們與這些生物細胞內的重金屬解毒有關，解毒的機理就是利用這些短肽上的流基將重金屬離子整合。

美國環保署的幾個科學家甚至將一系列與「植物螯合素」產生有關的基因，克隆並重組到大腸桿菌中，通過適當的遺傳改造，讓這些大腸桿菌能產生若干種不同分子量的「植物螯合素」，並且讓產生的這些多肽都集中固定到細胞的表面。

為了便於應用，他們還通過類似的操作方式，讓細胞表面同時還帶上具有結合纖維素能力的稱為「纖維素結合結構域」（cellulose binding domain）的肽鍊，這樣，細胞就可以牢固地結合在紙張或木屑的纖維素上，成為固定化細胞。用這種固定化細胞做吸附劑，可以非常有效地清除鎘、汞、鉛等重金屬。

知識點睛

大腸桿菌小檔案

中文名：大腸桿菌

英文名：colon bacillus

大腸桿菌是生活在人和動物腸道中的埃希氏屬細菌。外形呈杆狀，周身有鞭毛，能運動，往往在初生兒或動物出生數小時後即進入腸道。除某些菌株能產生腸毒素，使人得腸胃炎外，一般不致病。

大腸桿菌能合成對人體有益的維生素B和維生素K，但當人或動物機體的抵抗力下降或大腸桿菌侵入人機體其他部位時，可引起腹膜炎、敗血症、膽囊炎、膀胱炎及腹瀉等。

眼界大開

2006年9月，科學家表示在澳洲的一個污染場地發現的微生物細菌，不僅可以忍受廢油和氯污染的致命性土壤和污水，而且可以將這些污染物分解，使他們不再對人類構成威脅。

科學家發現，有的細菌能「吃」掉鎂、錳、鐵、銅等金屬元素，於是把細菌吹入低品質的銅礦石中，讓細菌把銅礦石中的一些其他鹽吃掉，便剩下純淨的銅了。

這樣，不需要動力消耗，就能夠得到大量的銅。

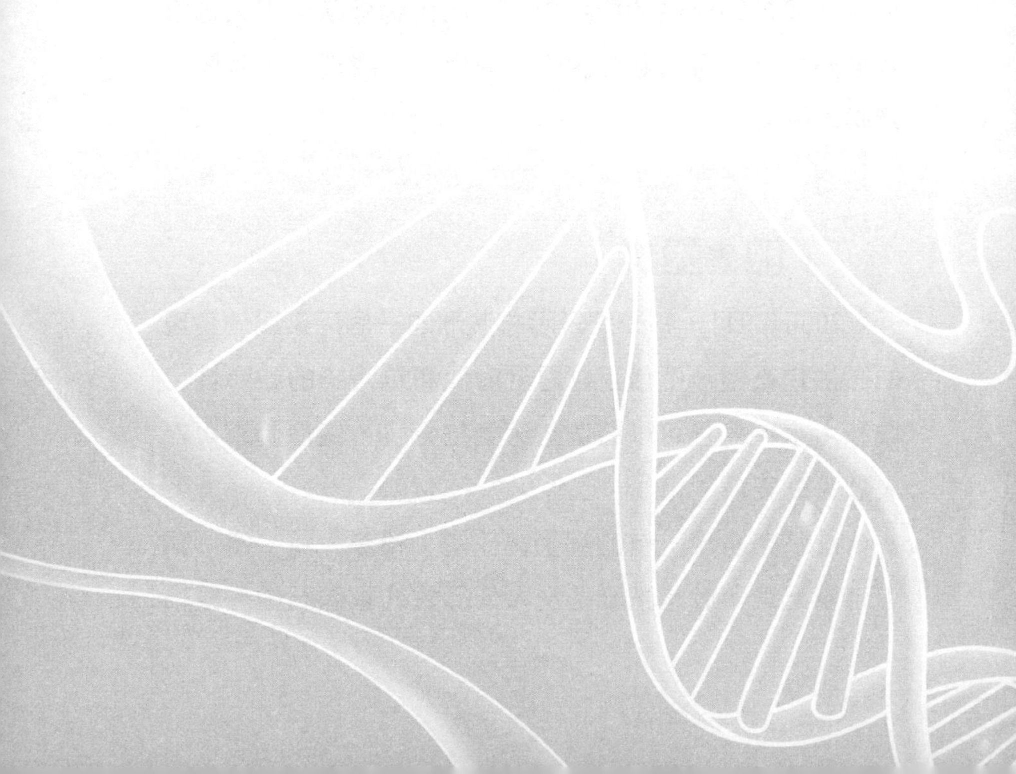

08 沼氣能源

又是一個寒假，文娟高高興興地回到農村的奶奶家過春節。這一次讓她感到奇怪的是村裡那一堆堆的豬、牛糞不見了，家家都用一種奇怪的氣做飯，而且生活用電也是自己村裡解決。後來，舅舅告訴她，這是沼氣發電，那些豬、牛糞都用來製沼氣了。接著舅舅帶她四處看了看，並告訴她許多新鮮的東西。

聽舅舅解釋後，文娟知道了炎炎的夏日，在沼澤地、污水池和糞池裡經常可以看到許多大大小小的氣泡從裡面冒出來，那就是沼氣。如果用玻璃瓶把這些氣體收集起來，點燃後，瓶口會出現淡藍色的火焰。

沼氣是微生物在缺少氧氣時，通過發酵將秸稈、雜草、人畜糞便等有機物質分解而產生的一種可燃性氣體。城市汙水處理廠產生的活性污泥，也可以在密閉的消化池中經發酵生產出沼氣。

在合適的溫度、濕度和酸鹼度下，微生物產生沼氣的速度很快。產生出的沼氣是多種氣體的混合物，有甲烷、二氧化碳、氮氣、氧氣、氫氣、硫化氫、一氧化碳、水蒸氣和極少量除甲烷之外的碳氫化合物，其中甲烷占大部分，平均含量約為60%，二氧化碳平均含量為35%。1立方公尺的沼氣完全燃燒，可釋放出

5203～6622千卡的熱量。沼氣可作為能源，用於發電、照明及家庭和工業燃料。微生物是沼氣發酵過程的關鍵因素。沼氣發酵過程大致分為以下兩個階段：

第一階段是多種細菌分泌的酶，將複雜的有機物質逐步分解成一些低分子量的簡單有機物及二氧化碳、氫氣、硫化氫等無機物，這一階段叫酸發酵階段。這一階段起作用的微生物有纖維素分解細菌、蛋白質分解細菌、果膠分解細菌、脂肪分解細菌、丁酸細菌和醋酸細菌。

第二階段是由甲烷細菌分泌的酶，將酸發酵階段分解出來的簡單有機物分解成甲烷和二氧化碳；甲烷細菌分泌的某些?還可利用酸發酵階段產生的氫氣，將二氧化碳還原成為甲烷。這一階段是產生甲烷的階段，因此叫做氣體發酵階段。

產甲烷的細菌種類很多，根據它們的細胞形態、大小、有無鞭毛、有無孢子等特性，可分為桿菌類、球菌類、八疊球菌類和螺旋菌四類。甲烷細菌分佈廣泛。在土壤、湖泊、沼澤中，在池塘污泥中，在牛、羊的腸胃道中，在牛、馬糞和垃圾堆中，都有大量的甲烷細菌存在。

此外經由沼氣發酵還可獲得優質肥料。因此，越來越多的人認識到綜合利用沼氣的廣闊前景，並且採取各種措施支持沼氣利用。

知識點睛

沼氣是一種具有較高熱值的可燃氣體，與其他燃氣相比，其抗爆性能較好，是一種很好的清潔燃料，傳統上大多利用沼氣進行取暖、炊事和照明，現在隨著沼氣產量的不斷增加，科學家們正在研究如何更高效地利用沼氣。

眼界大開

山東昌樂酒廠安裝2台120千瓦的沼氣發電機組，一年節約能源開支29萬元，工程運行一年即收回全部成本。杭州天子嶺填埋場發電工程在運行過程中，在平均電價為0.438元/千瓦時的條件下，投資回報率可達14.8%。

09 制服天花惡魔

法國著名的醫生琴納從小就刻苦學習，大學畢業後回到家鄉開始行醫，有一年他的家鄉天花肆虐，奪去了無數的生命，琴納很傷心，於是他一邊行醫，一邊研究治療天花病的方法。

琴納透過學習知道，中國人已發明了往人的鼻孔裡種牛痘預防天花的方法，只是這種方法並不安全，輕的留下大塊疤痕，重的還會死亡。

有一次，鄉村裡有檢察官讓琴納統計一下幾年來村裡因天花而死亡或變成痲臉的人數。他挨家挨戶瞭解，幾乎家家都有天花的受害者。但奇怪的是，養牛場擠奶女工中間，卻沒有人死於天花或臉上留痲子。細心的琴納沒有放過這個奇怪的現象，他繼續問擠奶女工生過天花沒有以及乳牛生過天花沒有，擠奶女工告訴他，牛也會生天花，只是在牛的皮膚上出現一些小膿皰，叫牛痘。擠奶女工給患牛痘的牛擠奶，也會傳染而起小膿皰，但很輕微，一旦恢復正常，擠奶女工就不再得天花病了。

琴納由這一線索入手，開始研究用牛痘來預防天花。

1796年5月的一天，琴納從一位擠奶姑娘的手上取出微量牛痘疫苗，接種到自己兒子的胳膊上。不久，種痘的地方長出痘皰，接著痘皰結痂脫落。一個月後，他又在兒子胳臂上再接種人類的天花痘漿。儘管這樣做非常危險，但是為了驗證種痘的效果，為了制服天花這個惡魔，琴納還是咬著牙將針扎進了兒子的肩膀。最後，奇蹟出現了，兒子沒有出現任何天花病症。

1798年，琴納宣佈自己的試驗成果，可是英國皇家學會一些科學家根本不相信一個鄉村醫生能制服天花，有的還說接種牛痘會像牛一樣長出牛尾巴，甚至像公牛一樣眼睛斜起來看人……

面對無情的誹謗和攻擊，琴納不但沒有動搖，反而更加堅信不疑。真理終究會被人們所接受，1801年，接種牛痘的技術逐漸被歐洲人所認同。這時英國政府終於承認琴納的發現有重要價值，在倫敦建立新的研究機構——皇家琴納學會，由琴納擔任主席。在這裡，琴納將全部精力投入研究工作，直到1823年逝世。世界因為琴納而永遠地脫離了天花的魔掌。

1977年10月26日，聯合國衛生組織在索馬里發現最後一例天花後，這些年在世界各地從沒有發現一例天花病人。這個肆虐幾千年的惡魔終於從人類的視野裡消失了。

知識點睛

天花病毒小檔案

中文名：天花（牛痘）

英文名：smallpox

天花病毒屬於牛痘病毒科，是一類最大、結構最複雜的病毒。病毒由中心的雙鍊DNA和包裹在外面的一層含有蛋白質的膜組成。同屬於這一科的病毒還有牛痘病毒、猴痘病毒等。

眼界大開

人類學會接種牛痘後，又相繼研製出了各種預防疾病的疫苗：1891年，研製出白喉和破傷風疫苗；1922年，法國研製出結核疫苗；1954年，第一種有效的脊髓灰質炎疫苗問世；1960年，美國一位病毒學家安德斯製成麻疹疫苗。

現在，科學家又研製出狂犬病疫苗、A型肝炎疫苗、B型肝炎疫苗等，而且接種方法也不只限於注射，還可以把疫苗製成糖丸給幼兒口服。

10 噬菌體的獨特食譜

1915年，英國微生物學家特沃特做了一個實驗：在固體培養基上培養一批細菌。在細菌生長的過程中，他一直觀察著細菌的生長變化，有一天，他意外地發現：在細菌的菌落上有些部分慢慢地形成一種透明的膠體狀。

特沃為了弄清楚這個問題，首先檢查了那些形成透明膠體的部分，發現膠體裡面的細菌不見了，接著他黏了一小部分的膠體東西放到生長正常的細菌群落上，過一段時間之後，發現與膠體接觸到的細菌也形成一種透明的膠體狀。

經過幾次的重複實驗之後，特沃特判斷：「膠體中一定存在某一種因數。」到了1917年，法國醫官埃雷爾發表了一篇實驗報告，內容和特沃特的發現類似。他認為有一種光學顯微鏡所看不到的微生物存在著，這種微生物可以寄生在細菌體內，最後將整個細菌破壞掉。埃雷爾的實驗是這樣的：

他把細菌培養在培養液中，等到細菌增殖到渾濁狀時，就把他所認為的微小生物加進去，數小時之後，細菌培養液就會變成一種透明的澄清液。

然後，他再將這種液體用一種特殊的「篩檢程式」（一種由陶土燒成的，有極微小的孔隙，普通的細菌濾不過去，但是比錫金微小的粒子是可以被濾過去的）進行過濾。將過濾液滴到生長於固體培養基的細菌群落上，則在細菌群落上出現了與特沃特所看到的相同現象。埃雷爾心想：「那種能夠使細菌分解掉的因數，是一種微生物，而不是化學物質。

事實雖然被埃雷爾言中了，但在當時他並沒有用充足的實驗來證明，直到一二十年以後，世界上出現了電子顯微鏡，人們才得到最後的答案，並將它命名為噬菌體。

隨著時間的推移，人們對噬菌體又有了新認識：1922年，荷蘭的拜耶林克根據當時計算出的噬菌體數量級，認為噬菌體和蛋白質分子的大小相當；1925年，法國巴斯德研究所的沃爾曼夫婦提出噬菌體最活躍的要素是含有一種有穩定遺傳性的物質；20世紀40年代中期，科學家已測出噬菌體的大小和含有以蛋白質為外殼和以DNA為核心的化學本質。至此，人們對噬菌體的認識逐漸清晰、完整。

知識點睛

噬菌體小檔案

中文名：噬菌體

英文名：bacteriophage

噬菌體也叫細菌的病毒。噬菌體是能溶解細菌的微生物，體積極小，比細菌小得多，大多數形似蝌蚪，由頭尾兩部分組成，需要侵入細菌體內才能夠生長、繁殖，引起細菌溶解。

這種病毒與動物病毒、植物病毒不同，它們只對細菌的細胞發生作用，所以是一種很小的但非常有用的病毒，凡是有細菌存在的地方，都有它們的行蹤。因此，我們也可以把它們看做是細菌的天敵。某一種噬菌體只對相應的細菌起作用，因此可用以診斷和防治細菌性疾病。如：痢疾噬菌體僅對痢疾桿菌有作用，可用以防治細菌性疾病。

眼界大開

人體的環保小衛士——白細胞。白細胞中的中性粒細胞和單核細胞的吞噬作用很強，它可以通過毛細血管的肉皮間隙，從血管內滲出，在組織間隙中游走。人體內的白細胞會吞噬侵入的細菌、病毒、寄生蟲等病原體和一些壞死的組織碎片。

11 微生物肥料——根瘤菌

一個星期六的上午，小雲到郊區的外婆家玩。恰巧舅舅在田裡幹活。小雲就蹦蹦跳跳地跟著去了，舅舅他們都在田裡幹活，小雲就在田地邊上玩耍，不小心，她把一顆快要成熟的黃豆給拔出來了。小雲驚奇地發現，黃豆根部長了一些小「腫瘤」。她心想黃豆可能「病了」，於是趕緊告訴舅舅他們。

舅舅告訴小雲這些小疙瘩是由於植物根部被根瘤菌侵入後形成的「腫瘤」。不過，這些「腫瘤」的存在不僅不會使植物生病，反而會不斷地為植物提供營養。聽舅舅這麼一說，小雲反而不明白了，她對舅舅說，細菌不是能讓植物生病嗎？現在怎麼又說它不會讓黃豆生病呢？舅舅告訴小雲說，根瘤菌侵入豆科植物根部形成「腫瘤」後，雖然在根瘤中它們是依靠植物提供的營養來生活的，但同時它們也把空氣中游離的氮氣固定下來，轉變成植物可以吸收利用的氨。這樣，一個個小疙瘩就像是建在植物根部的一個個「小化肥廠」。因此也可以說根瘤菌與植物的關係是「相依為命」的，它們之間是「共生的關係」。

根瘤菌固氮的最大優點是由於它們與植物的根系的「親密接觸」，使得固定下來的氮幾乎能百分之百地被植物吸收，而不會跑到土壤中造成環境污染。

現在，因為使用化肥存在著某些嚴重的缺點，因此，人們都在大力研究和推廣新型的「綠色」肥料——微生物肥料。簡單地說，微生物肥料就是利用特定微生物來增加土壤肥力的微生物品，就如同黃豆根部的根瘤菌一樣。微生物肥料又稱細菌肥料或菌肥，這是因為其中涉及的微生物大部分都是細菌之故。

知識點睛

除了根瘤菌這類與植物共生的固氮微生物外，在土壤中還存在如自生固氮菌、氮單孢菌、貝氏固氮菌、固氮螺菌等固氮細菌。

不過，這些固氮微生物往往只固定僅夠自身用的氮，比起根瘤菌來，就差遠了。

有的微生物能把土壤中難以溶解的含磷化合物分解成植物容易吸收的營養形式，還有的微生物分解土壤中的含鉀礦石並富集鉀元素，分解土壤中的動植物殘體並為植物和其他微生物提供養分，分泌刺激和調控植物生長的物質，減輕植物病蟲害等許多其他作用。

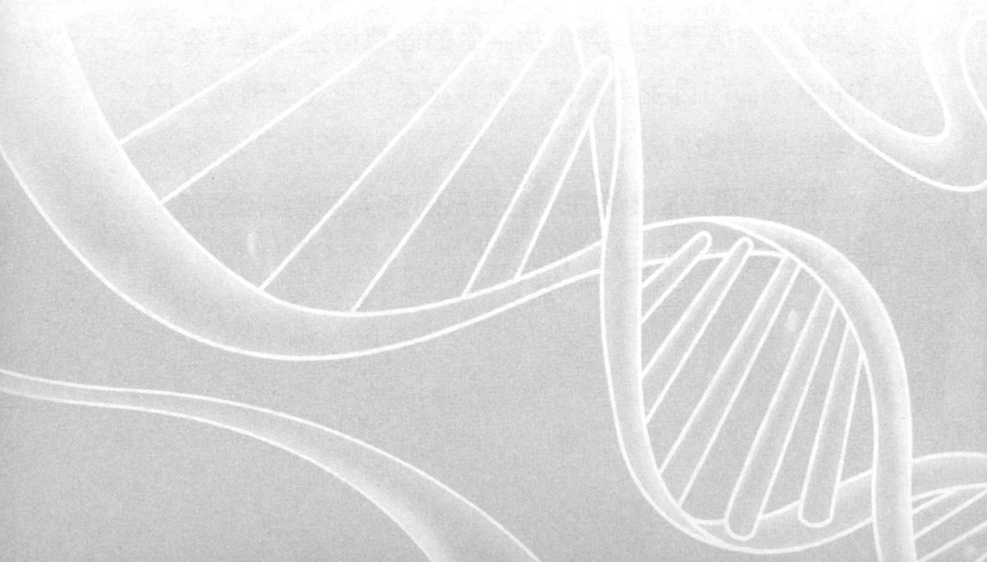

12 微生物的藥用價值

1909年，德國蘇雲金的一家麵粉加工廠中發生了一件怪事，本來一種叫地中海粉螟的幼蟲每天都在倉庫中到處飛舞，但後來不知什麼原因，這種幼蟲突然大量死亡。麵粉廠的人覺得很奇怪，就把這些害病的地中海粉螟幼蟲的屍體寄給生物學家貝爾林內。貝爾林內對此很感興趣，他決定揭開粉螟幼蟲死亡的祕密，以此造福人類。

經過無數次努力，貝爾林內終於在1911年從蟲屍中分離出來一種杆狀細菌。他把這種菌塗在葉子上，將粉螟幼蟲放到這些葉子上，等粉螟幼蟲吃下這些葉子後，粉螟幼蟲先是惶惶不安，過了兩天後紛紛死去。而這種細菌卻生長旺盛，一天後，就可在細胞一端長成一個芽孢。芽孢就像一個結實的「蛋」，不僅可以「孵化」出下一代，而且還有一層厚厚的壁，能更好地抵抗像高溫、乾旱等一些不利的外界環境。4年以後，貝爾林內詳細描述了這種微生物的特性，並給它命名為蘇雲金桿菌。他後來還發現，在細菌的芽孢形成後不久，會形成一些正方形或菱形的晶體，稱為伴孢晶體。

蘇雲金桿菌的發現，使人們自然想到利用它來給害蟲製造「流行病」以殺滅害蟲。但由於化學農藥的價格優勢，蘇雲金桿菌長期未獲得產業界的足夠重視。

直到今天，隨著大量使用化學農藥造成的嚴重環境污染日益突出，人們才重新認識用細菌防治害蟲的生物防治方法的意義，蘇雲金桿菌重新走進了人們的視野。

知識點睛

蘇雲金桿菌小檔案

中文名：蘇雲金桿菌

英文名：Bacillus thuringiensis

蘇雲金桿菌產生的對昆蟲有致病作用的毒素有7種，即α-外毒素、β-外毒素、γ-外毒素、δ-內毒素、不穩定外毒素、水溶性毒素、鼠因數外毒素。

蘇雲金桿菌殺死昆蟲可由菌體本身的活動而引起，但是使害蟲死亡的更主要的原因是菌體產生的毒素。這種毒素不僅能幫助細菌入侵，而且可使害蟲在短時間內中毒身亡。

眼界大開

科赫（1843～1910）德國細菌學家。1873～1881年，他經過研究發現了炭疽桿菌、傷寒桿菌、結核桿菌、霍亂弧菌等傳染病菌，發明了細菌的固體培養技術、細菌染色法、用於診斷結核病的結核菌素和預防炭疽病、霍亂病的免疫接種法。因為他的傑出貢獻，1905年，被授予諾貝爾生理學和醫學獎。

13 巴氏滅菌法

1864年，作為法國經濟命脈的釀酒業正面臨嚴峻的形勢，很多葡萄酒、啤酒常常因變酸而被倒掉，造成損失。酒商們叫苦不迭，在這種危急時刻，拿破崙三世皇帝再也不能眼睜睜地看著這種巨大的損失繼續發生下去。他決定讓生物學家巴斯德想辦法挽救這一損失，於是就要求巴斯德對這種威脅釀酒業的「疾病」開展調查和研究。為此，巴斯德到阿波斯的一個葡萄種植園去研究這個問題。

根據在里爾研究時累積的經驗，他很快找出了使葡萄酒變酸的罪魁禍首——桿菌。接下來的問題就是要想辦法消滅這些桿菌同時必須保證不破壞葡萄酒的風味。於是，他開始了實驗。他把封閉的酒瓶放在鐵絲籃子裡，泡入水中加熱到不同的溫度，試圖既殺死桿菌，又保持酒的口味。就這樣，經過反復多次的試驗，巴斯德終於找到了一個簡便有效的方法：只要把酒放在60^{0}C左右的環境裡，保持半個小時，就可殺死酒中的桿菌。後來，巴斯德還把這種方法應用到防止其他酒類和牛奶變酸等領域，也取得了成功。這就是著名的「巴氏滅菌法」。這個方法至今仍在世界上被廣泛使用。

知識點睛

培養基的滅菌最常用的方法，是採用高壓水蒸氣對培養基進行加溫，進而殺死其中的微生物，這稱為蒸氣滅菌或濕熱滅菌。最常見的方式是在培養基配製好後，直接向發酵罐中通入高壓水蒸氣，將培養基加熱到120^0C左右，保持這一溫度20分鐘到半個小時，然後冷卻。這樣的滅菌方法，稱為間歇滅菌或實罐滅菌。

眼界大開

自然界中有許多嗜熱微生物生活在高溫環境下，如在俄羅斯地堪察加地的溫泉裡（水溫57^0C～90^0C）存在著一種嗜熱細菌——紅色棲熱菌（Thermustuber）；在美國懷俄明州黃石國家公園內的熱泉中，一種叫熱容芽孢桿（Bacilluscaldolyticus）的細菌可在92^0C～93^0C的溫度下生長，另外該細菌在試驗室條件下還可在100^0C～105^0C下生長；1985年，生物學家在太平洋底部甚至還發現了可生長在250^0C～300^0C高溫高壓下的嗜熱菌。

14 黴菌有好有壞

這天從早晨開始，小璐就不停地跑廁所，沒辦法，鬧肚子。媽媽帶她去醫院檢查。在仔細詢問了昨天的飲食後，醫生認為小璐是因為吃了發黴的食物而引起鬧肚子的。

小璐聽醫生這麼一說，就問：「叔叔，那是不是細菌引起的？」醫生笑著說：「對啊，那是一種黴菌。」

「真討厭。」小璐撅著嘴說。

「可不能輕易下結論喲，黴菌不光有討厭的一面，它也有好的一面呀。」醫生笑了。看到小璐奇怪的樣子，醫生又告訴了小璐一些關於黴菌方面的知識。

原來，黴菌對於人類有功也有過。誠然，有些黴菌會引起衣服、食物和物品的黴爛，使人和動植物得病。比如，小麥赤黴、水稻惡苗赤黴會引起小麥、水稻病害，毛黴引起養鱉場最怕的白斑病，黑根黴引起甘薯得軟腐病，青黴引起柑橘得青黴病，等等。大家都有這樣的經歷：買來的橘子，時間放長了，橘子皮就爛了一塊，周圍還有綠色的一圈，上面豎立著許許多多綠絨毛，這是青黴在作怪。

人們吃了這種腐爛的橘子以後，帶苦味的毒素就會在消化道裡引起不同程度的腸炎或胃炎。還有一種黃麴黴素，人、畜吃了後會引起肝癌等疾病。這種毒素要在攝氏280～300度才會被破壞，一般的煮或炒，是達不到這個溫度的，因此發黴的花生和玉米一定不能吃。

在這方面，歷史上有一個鮮明的例子：很多年前，在英國的一個養殖場裡有10萬多隻火雞突然患病，幾天內就死光了。一開始人們找不出病因。經過一年多的仔細調查才發現，原來罪魁禍首就是在這些火雞的飼料——發黴的花生粉裡找到的黃麴黴毒素。

另一方面，如果我們能很好地利用黴菌，它也能給我們帶來意想不到的好處。早在周代，有種專職的官員，就負責專門從黃色麴黴中取得一種黃色的液體，來染製皇后穿的黃色袍服。現在，黴菌被廣泛運用於食品加工企業。例如，我們平時喜歡吃的豆腐乳就是在豆腐上接種了魯氏毛黴而製成的。此外，黴菌還是發酵工業、醫藥工業的重要菌種。

知識點睛

黃麴黴菌小檔案

中文名：黃麴黴

英文名：Aspergillus flavuslink

黃麴黴屬半知菌亞門真菌，分生孢子梗直立粗糙，頂囊近球形至燒瓶狀，它適宜在溫度30^0C，相對濕度85%的環境中生長。黃麴黴菌能產生黃麴黴毒素，黃麴黴及其毒素的產生受濕度、溫度、籽粒狀況、空氣成分、微生物區系等多種因素影響。一般來說，相對濕度高於85%時毒素增加，常見於玉米中，如果玉米籽粒含水量低於16%該黴菌不生長，17%時生長緩慢，18%～19%生長迅速。剛收穫的玉米含水量20%～28%，氣溫處於20^0C～30^0C時，在48小時內即可產生毒素。

眼界大開

很多人都喜歡吃花生，但在吃花生時也要注意安全。據研究，花生是最容易感染黃麴黴菌的農作物，而世界各國的科學家公認，黃麴黴菌毒素是迄今為止所發現的最強的致癌物，它的理化性質相當穩定，在人體內不能降解，只能沉積在肝細胞中。當黃麴黴菌毒素沉積量超過人體的耐受力，便會引起肝臟的損傷，甚至誘發肝癌。

15 細菌也會「挑食」

小強的爸爸是位微生物學家，平時，小強總喜歡聽爸爸講一些關於微生物的知識。今天是週末，爸爸帶小強出去玩了一上午，在路上，小強無意中從一張紙上發現什麼「葡萄糖」之類的字樣。爸爸靈機一動，就告訴小強說：「你平時就挑食，你可知道，細菌也喜歡『挑食』啊？」

「細菌『挑食』？新鮮，爸爸你快說說是怎麼回事？」小強迫不及待地問。爸爸笑笑，牽著小強到一處樹蔭下坐了下來，然後就告訴小強細菌是怎樣「挑食」的。小強的爸爸是以大腸桿菌為例的，他講到大腸桿菌會「吃」葡萄糖，也會「吃」乳糖，但它有「挑食」的毛病。如果讓它在同時含有這兩種糖的培養基中生長，開始時它只「吃」葡萄糖，當葡萄糖吃完後它才「吃」乳糖。而且，這種習性還是代代相傳的。

大腸桿菌會有這種遺傳性的「挑食」習慣，是因為它的特定的基因在作怪。

大腸桿菌細胞中，與吸收、利用葡萄糖有關的酶類是與生俱來的，我們稱這些與生俱來的酶為組成型酶；而與乳糖吸收、利用相關的酶卻只有在培養基中有乳糖的情況下才會產生，所以稱這一類酶為誘導酶。但是，如果培養基中同時含有葡萄糖和乳糖，大腸桿菌開始時還是不會產生與吸收、利用乳糖相關的酶，只有在吃完葡萄糖後，只剩下乳糖的情況下，這些酶才會產生。

當然，這兩類酶的基因在細胞中的存在，是不因培養基的組成而改變的。誘導酶是否產生的關鍵，在於環境條件是否適合這些基因的表達，或者說處在某種環境下的細胞是否需要這些?的產生。

聽爸爸這麼一講，小強感到微生物世界真是太神奇了。他真希望自己長大後也能做個微生物學家，也能解決好多好多的問題。

知識點睛

地下生物圈不只是大，而且還是與現今的生物觀念完全不同的「另一個新世界」。與地表不同的特殊環境中生存的微生物，或許有具備現在尚不知道的特殊功能的微生物。現在已發現能分解原油及一部分農藥的微生物、分解二氧化碳的微生物以及具有各式各樣特殊功能的微生物。

探索這些具有特殊功能的微生物，也是地下生物圈研究的目的之一。

眼界大開

世界上最耐鹽的植物是鹽角草，它能耐0.5%～6.5%的鹽度，而某些嗜鹽菌遠遠超過這一極限。例如，著名的死海，鹽度高達23%～26%，那裡幾乎沒有動植物生長，卻有少數幾種細菌和藻類能很好地生存。另外，現在發現的某些嗜鹽菌還可在飽和鹽水中生長。

Part 5 有關生物界的未解之謎

科學家們始終不停地在探索生物界的奧祕，即使這樣，神奇的自然界中還是存在許多未解之謎。彷彿是大自然在跟我們開了個巨大的玩笑：讓我們不停地探索、不停地發現。

我們至今不能完全理解這個多姿多彩的生物世界，例如：野生油菜千年不絕、跳舞草的跳舞之謎、奇怪的群蛙大聚會、恐龍緣何滅絕、鯊魚防癌的法寶、「計劃」生育的兔子、可以哺乳的鳥、噬人鯊「口下留情」之謎，等等。這些謎底的揭開有待於我們進一步的研究和試驗。

01 「不勞而獲」的油菜

不用播種就能收穫油菜子，這是不是天大的好事呢？

你們也許不相信，但在長江西陵峽王昭君的故里，也就是湖北省興山縣香溪口附近，就有這麼一塊神奇的土地。昨天下午，當小明他們又去鬧著那位博士爺爺講故事時，爺爺先吊吊他們的胃口，然後沉默了好長一段時間才繼續說。小明他們早就等得不耐煩了。

爺爺摸了摸小明的腦袋說：「就你急！聽我慢慢跟你們說……」

爺爺告訴小明他們那塊油菜地面積約200平方公里。當地人每年冬天只需將山坡上的雜草灌木砍倒，用火將草木燒掉，第二年就可以坐等收穫油菜了。等到第二年，只要幾場春雨，那裡就會長出綠油油的油菜。1935年，當地發生了一次洪水，當時就連坡上的樹根都被拔走了，但第二年春天，野生油菜照樣遍地都是。當地人實在想不出到底是怎麼回事，便傳說當年昭君姑娘出塞前曾在此採藥，種下菜子，並囑咐「連發連發連年發」，所以野生油菜才「野火燒不盡，春風吹又生」。但這畢竟是個美麗的傳說，野生油菜為何千年生而不絕，目前還是一個未解之謎，有待於人們進一步去研究。

聽爺爺講完後，小明他們都說：「如果找到原因，農民伯伯們就不用像現在這麼忙碌了。」

知識點睛

這片油菜地周圍的20多個村莊的人家，每戶每年可收野生油菜60多公斤，基本上能解決生活用油。

眼界大開

1. 湖南省洞口縣有一塊有奇特香味的香地。面積50平方公尺左右，但奇怪的是只要超出香地範圍一步，香味就聞不到了。

2. 在海拔1200多公尺高的四川省石柱土家族自治縣，有一塊能使普通水稻變成香稻的神奇水田，至今仍沒有人能解開此中奧祕。

02 跳舞草為何會跳舞

一天上課前，小帥帶著一個大盒子來到教室，他對同學們說自己剛學了一種魔術，能讓植物跳舞。他剛說完，教室裡就像炸了鍋似的，大家七嘴八舌地議論開了。

「植物會跳舞，有沒有搞錯？」

「誰信。」

「小帥又吹牛了。」

「不信，下課後我們到操場上，我給你們表演。」小帥急了。終於下課了，同學們全湧上了操場，只見小帥從盒子裡端出一盆綠色植物，然後用手指著它，過了一會兒，奇蹟出現了！那株植物的葉子繞著葉柄跳了起來。

「世界上真有這麼一種植物可以跳舞，而且它就生長在中國的南方，人們給它起了一個非常好聽的名字叫『跳舞草』。」聞訊趕來的老師告訴同學們。

接著，老師告訴同學們跳舞草枝幹上每個葉柄的頂端有一片大葉子，大葉子後面對稱長著兩片小葉。這些葉子對陽光特別敏感，一旦受到陽光照射，後面的兩片小葉就會迎著太陽一刻不停地繞著葉柄翩翩起舞，從旭日東昇一直舞到晚霞遍地，它才疲倦地順著枝幹倒垂下來開始休息。可是第二天太陽一出來，它就又開始跳舞。更有趣的是，一天中陽光愈烈的時候，它旋轉的速度也愈快，一分鐘裡能重複跳好幾次呢！

但是當同學們問起跳舞草為什麼會跳舞時，老師告訴他們這個問題目前還存在很多疑問，不過，植物學家普遍認為與太陽有關，就像向日葵總是沖著太陽轉動一樣。至於究竟是什麼原因，還有待於進一步研究。

知識點睛

跳舞草不但舞姿曼妙，它還是一味藥材，有接骨、鎮靜、抗風濕的功效。

眼界大開

在南美洲的安第斯山麓，有一種會吹笛子的樹，當地人叫它「蒲甘笛樹」。這種樹的葉子末端有小孔，葉子大小不一，葉孔就有大有小。風一吹，每片葉子都會奏樂。而且曲詞和節奏都會隨風變化。在巴西的叢林中也有一種會「吹笛子」的樹，當地人叫它「莫爾納爾蒂」。

03 群蛙大聚會

平時，我們只會在河邊，湖邊看見大大小小的青蛙，好像牠們都是「分散行動」的，平時並不喜歡一大群地聚集在一起。但是中國南嶽衡山廣濟寺的一個丘田上，曾出現過群蛙聚會的奇觀。參加聚會的是一種石蛙，顏色灰黃或褐色，成蛙有碗口大小，憨態可掬。

每年3月驚蟄時節，便有成千上萬隻石蛙來到這塊丘田聚會。後來人們才發現，原來剛從冬眠中醒來的石矽蛙是到這裡來幽會的。

成千上萬隻石蛙有時一對對疊堆而起，形成一個近1公尺高的蛙塔。如果人們想把成雙成對的石蛙分開，可沒那麼容易。你抓住上面的雄蛙，下面的雌蛙不放「手」，於是就一同被提起來，看來牠們打算「誓死不分離」了。這種石蛙聚會可持續幾天到十幾天，然後一夜之間消失得無影無蹤。

另外，人們在廣東鶴山縣沙坪鎮也發現過另一次群蛙聚會。這次群蛙聚會不是為了幽會，而是為了打仗。

當時剛下了一場大雨，奇怪的是雨後沙坪鎮的一塊大菜田裡聚集了上千隻青蛙，開始打一場世所罕見的青蛙大戰。你看吧：有的單兵對戰，彼此先怒目相視，然後猛撲躍起，纏住對方連咬帶撞；有的幾隻圍成一團，互相亂咬。戰場外還有上千隻青蛙在助陣，叫聲鼎沸。

這些助陣的青蛙還當起了「救護員」，牠們不時到戰場上拖出精疲力竭的「傷兵」，不知是為了「救護」，還是收容「俘虜」。

知識點睛

石蛙小檔案

中文名：石蛙

英文名：Quasipaa spinosa

石娃俗名坑雞，又稱棘蛙、石蛤蟆、石雞，屬兩棲綱蛙科。主要分佈在中國南方諸省的深山密林的山澗溪流中。石蛙主要食物為蚯蚓、昆蟲、蠅蛆類動物和藻類等綠色植物。其實用價值遠遠高於牛蛙，被國內外美食家譽為「白蛙之王」。石蛙肉可供藥用，有滋補強壯的功效。石蛙藥性平，味甘。人心、肝、肺三經，有滋陰降火、清心調肺、健肝腎的功效，對治療癌積、病後虛弱、心煩口渴等有一定輔助療效。

眼界大開

在中國安徽省的一個小鎮，一天早晨8點左右，幾隻大蟾蜍率領幾十萬隻小蟾蜍排著隊爬上街道。這支隊伍井然有序地由西向東移動，因為這天鎮上有集市，所以許多車輛、行人都無法通過。這次遊行持續了4個多小時，至於為什麼，人們都不得而知。

04 恐龍是怎樣滅絕的

小春是個「恐龍迷」，凡是書上、報上、電視上有關恐龍的資訊，他絕對不會放過。不僅如此，他還把自己知道的關於恐龍的一些資訊告訴同學們。一天放學後，他又手舞足蹈地告訴蘭蘭有關恐龍滅絕的一些事情。

他說2億年前的中生代，大型爬行動物恐龍是地球的主宰，牠們自由自在地生活在遼闊的地球上，沒有什麼東西敢與它們為敵。但是厄運還是在6500萬年前的某一天降臨了，這天恐龍們正在悠閒地散步，天空還像往常一樣湛藍，微風輕輕吹來。突然，災難降臨了，這些恐龍沒有任何準備，有的在悠閒地吃著草，有的還在為爭奪食物而大打出手……所有的一切只在瞬間就被徹底毀滅了。數量眾多的地球主宰者們突然在地球上滅絕了，以致於今天我們要想看看牠們也只有從古化石中去領略了。

對於恐龍的滅絕，人們曾有過種種猜測和探索，有人認為，7000萬年前，比恐龍更高等的哺乳動物已大量存在，牠們對外界環境的適應能力及生活能力都比恐龍強，尤其是這些哺乳動物常以恐龍蛋為食，在相互的生存競爭中，其他的哺乳動物占了上風，於是恐龍逐漸走向消亡。還有人從陸漂移學說出發，提出恐龍生存的時代，地球上的大陸還只有一塊，氣候溫和，四季常青。到了侏羅紀，大陸開始發生漂移，導致造山運動、地殼變化和氣候的變化，裸子植物逐漸消亡，春華秋實的被子植物成為主導，食物的短缺及氣候變冷，使恐龍迅速走向消亡。也有人提出，在6500萬年前，曾有一顆小行星墜落地球，引起大爆炸，使大量的塵埃拋入大氣層，形成了遮天蔽日的塵霧，地球上的生態系統遭到破壞，恐龍也隨之消失了。關於恐龍滅絕的原因，說法可以說是多種多樣，而且從某個角度看，似乎都有一些道理，但每一個說法經嚴格推敲起來，又都有許多漏洞，都屬於假說，因此恐龍的滅絕原因還有待於進一步去研究。

知識點睛

恐龍小檔案恐龍的種類很多，科學家們根據牠們骨骼化石的形狀，把它們分成兩大類，一類叫做鳥龍類，一類叫做蜥龍類。根據牠們的牙齒化石，還可以推斷出是食肉類還是食草類。這只是大概的分類，根據恐龍骨胳化石的復原情況，我們發現，其實恐龍不僅種類很多，牠們的形狀更是無奇不有。這些恐龍有在天上飛的，有在水裡遊的，有在陸上爬的。

眼界大開

1822年，英國醫生曼特爾，在英格蘭採集到禽龍化石，拉開了恐龍科學研究的序幕。1841年，英國解剖學家歐文第一次提出了恐龍這一科學詞語，並將它歸入爬行類。至今世界記述的恐龍屬四百多個。

1938年，楊鐘健、卞美年、王存義等在雲南省祿豐盆地發現了舉世聞名的中國早期祿豐蜥龍動物群，這一發現奠定了中國恐龍研究的基礎，祿豐龍成為國內第一具裝架展示的恐龍。

05 鯊魚防癌的法寶

一天放學後，蘭蘭興沖沖地跑進廚房，大聲問正做飯的媽媽：「媽媽，你知道什麼動物不得癌症嗎？」

「癌症是人類健康的大敵，也是人類至今沒有攻克的絕症之一。許多動物也能患上癌症。誰能逃過它的魔掌啊？」媽媽說道。

「哈哈！有種動物不僅不會得癌，而且即使在實驗中注射大量化學致癌物質，也不會形成腫瘤。」蘭蘭說。

媽媽疑惑地看了蘭蘭，於是蘭蘭接著說：「是鯊魚。」蘭蘭說的沒錯，鯊魚即使被注射大劑量化學致癌物，其體內也不會形成腫瘤。對此科學家們十分不解，不明白其中的奧祕。有些科學家猜測，可能是鯊魚體內大量的維生素A對防癌有巨大的保護作用；也有科學家認為，鯊魚不得癌的原因在於它們的體內含有一種特殊的活性酶，而其他動物體內的這種活性酶已在進化過程中消失了。

鯊魚為什麼不得癌的這個問題，實際上是一個很重要的科研課題，人類一旦找到這個問題的答案，將使人類受益無窮。實際上，就像對所有未知事物的認識一樣，人們對鯊魚的認識也是一個循序漸進的過程。比如，過去人們一直把鯊魚看做是一種性情很兇狠殘暴的動物，但經研究發現，體形最大的鯨鯊和居其次的姥鯊性情都極溫順，居然以細小的浮游生物為食，口中連牙齒都沒有。

過去人們認為鯊魚視力很差的看法被逐步證明是錯誤的，實際上鯊魚對光線的敏感度超過人類10倍。因此，我們滿懷信心地期待著人們最終弄清鯊魚不得癌的真正奧祕所在，為人類的健康做出貢獻。

知識點睛

2002年9月，美國水族館的一條雌性鯊魚產下3條幼崽。奇怪的是，這條鯊魚至少6年沒接觸過雄性鯊魚了。

眼界大開

蒼蠅身體上攜帶著數不清的病菌，卻從來不會生病。

科學家們經過研究發現，這是因為蒼蠅在幼蟲時就合成一種特殊的蛋白質，稱為抗菌活性蛋白，是蒼蠅身上各種病菌的剋星。所以蒼蠅自由出入各種場所卻不會「引禍上身」。

06 阿洛沙魚的精確洄游

明明正在看一些魚類的圖片時，爸爸突然指著一張圖片問明明是否瞭解圖片上那種魚的生活習性及特徵，明明告訴爸爸自己不知道。然後爸爸就給他講了一些關於阿洛沙魚的一些情況。

後來，阿洛沙魚是鯡魚科中最大的魚類，牠們一般體長50公分，體重達兩公斤，阿洛沙魚誕生在淡水河中，以後轉移到海裡，在性成熟以前的6年間生活在海洋裡，最後，牠們返回河川中產卵。

阿洛沙魚成群地棲身又在美國的大西洋沿岸，每年返回河川，牠們年復一年地遵照相差不到幾天的日程游出和遊入河川，這一現象曾令科學家們十分迷惑。

後來，科學家想出了一個辦法，他們在魚背上安上水聲發生器，用於瞭解牠們的遊蹤，結果發現，阿洛沙成魚是按照一定的路線和夏季時刻表遊入誕生地——產卵的故鄉河川的。

不管是在海洋中還是在江河中，阿洛沙魚總是在相當狹窄的一定溫度範圍水域中活動，即13^0C～19^0C，為了滿足這個溫度，阿洛沙魚在春季成群結隊地北上，秋季則南下，因為沿途的水溫是隨季節而變化的。

由於這樣的移動，當其出生地故鄉河川的水溫達到產卵和孵卵的最適宜溫度時，阿洛沙魚們就會返鄉產卵。

在阿洛沙魚洄游的過程中，至今有一些讓人難以理解的謎。首先，沿岸溯流而上的阿洛沙魚是怎樣知道已經到達自己的出生地的？其次，當阿洛沙魚離開海水進入淡水區時，一定要用兩三天的時間往來於海水與淡水之間，若貿然進入淡水區則必死無疑，這又是為什麼？另外，阿洛沙魚還能識破河川中布下的漁網，在完全黑暗的情況下仍能經常機靈地躲過去，靠的又是什麼為牠們導航呢？

知識點睛

歐洲鰻魚為了產卵而離開棲息的淡水區，游向大海。研究顯示，歐洲鰻魚的產卵地在大西洋馬尾藻海的深海區，而孵化出的幼魚都能經過數千里的遠遊，找到出生後就從未去過的淡水區。

眼界大開

1943年的夏天，美國的一對夫婦帶著愛犬波比，駕車前往東部觀光旅行，波比是一隻雄性牧羊犬。一天波比在與狗群混戰中失蹤了，夫婦倆多日尋找未果，於是黯然回到西部的家。半年後，波比神奇地回到了主人家中。

一般情況，狗能依靠嗅覺追蹤兩天前留下的足跡，但波比橫跨美國東西4600多公里行程，又是依靠什麼找回家的呢？

07 猛瑪象突然蒸發

看過《冰原歷險記》的人，都還記得電影中那隻善良、勇敢而且執著的長毛大象吧？牠就是猛瑪象。娟子和爺爺也看過這部片子，但娟子對猛瑪象知之甚少，於是就不斷地問爺爺一些關於猛瑪象的事。

爺爺告訴她，猛瑪象是生活在距今一萬年前的長鼻目動物，後來因冰川的消退而滅絕，現在大多數已成為化石，而且絕大部分被封存在北極圈外永久凍結的土壤中。在西伯利亞，人們發現的猛瑪象化石遺骸約有25000多具。

然後爺爺問娟子，象應該生活在熱帶叢林之中，為什麼有這麼多的猛瑪象來到西伯利亞呢？

娟子搖頭說不知道，爺爺接著說，曾經有許多人對此做出過各式各樣的猜想，排除那些早期荒唐的猜想以外有兩種設想：一是由於地極遷移的緣故，猛瑪象原先生活的地方並非十分寒冷，位移即地軸變動才使它們來到了西伯利亞，但古地磁資料無法證明地軸在猛瑪象生存的前後直到今天有過突變；第二種設想來自大陸漂移假說，認為猛瑪象並非生活在冰天雪地，而是活躍在比現在的極圈更南的地方，只是由於大陸漂移將牠們的埋葬地移至極圈附近了。

可是，目前海底擴張和大陸漂移的速度每年約為5公分，甚至更為緩慢，這樣在幾萬年之內根本不能移動那麼長的距離。而古生物學家則從猛瑪象本身特點考慮，認為牠們是在凍土苔原上生長的，並就地被埋葬。

1972年發現於前蘇聯雅庫次克東北方向的山德林河中游右岸的猛瑪象，從凍結的內臟解剖情況看，這些猛瑪象是死於盛夏季節，為什麼在氣溫和食物都對猛瑪象的生存有利的時候，猛瑪象卻被餓死了，而且是速凍致死的？科學家們的初步解釋是，在北極地區夏末常有氣溫驟降，導致速凍的情況發生，因而，猛瑪象可能是在類似速凍的天氣裡，碰巧沉陷於溶洞或泥潭中，導致了瞬間的喪生。

仔細推敲一下這也是有漏洞的。當然，這些還停留在科學推測的階段，既然是推測，就有待於進一步去證實。

知識點睛

猛瑪象小檔案

中文名：猛瑪象

英文名：Mammuthus

猛瑪象屬長鼻目真象科，狹義的猛瑪象又名毛象，身上披著黑色細密的長毛，生活在北半球的第四紀大冰川時期。它身高體壯，有粗壯的腿，腳生四趾，頭特別大，嘴部長出一對彎曲的大門牙。一頭成熟的猛瑪象，身長達5公尺，體高約3公尺，門齒長1.5公尺左右，體重可達4～5噸。

眼界大開

1.大約在1.1萬年前的冰河時代末期，人類來到了美洲大陸，而與此同時，美洲的許多大型動物在短短幾百年間被消滅了，其中也包括猛瑪象。科學家認為這是首次人為性的絕滅事件。

2.阿拉斯加的愛斯基摩人用象牙化石做屋門。

3.前蘇聯生物學家在西伯利亞永久凍土層中發現了一頭基本完整的猛瑪象，牠的皮、毛和肉俱全，嘴裡還有青草。

08 海龜自埋

1984年2月，一位美國潛水夫在佛羅里達州20多公尺深處的海底潛水，突然他發現距離自己不遠處一隻海龜把自己的整個身體都埋到於泥中，只露出一小塊背甲，這位潛水夫以為小海龜會被憋死，於是就試圖把海龜挖出來，這個時候牠卻慢慢地醒來，抖掉身上的於泥，遊了起來。隨著人們的述說，這一現象終於引起了海洋生物學家的關注，並紛紛加以推測。

有人認為，海龜把自己埋起來是為了冬眠，但據發現者觀察，海龜自埋不過是一個短暫的現象，因此冬眠之說不夠充分；有的科學家通過觀察發現，在一些個體較大的雄海龜身上常常寄生著大量的藤壺，因此他們推測海龜把自己埋起來，是為了使身上的藤壺在於泥中因缺氧死去。

但據觀察發現海龜在埋起來的時候，常常露出背部和尾部，寄生在這兩個部位上的藤壺依然存活，而且，還有大量雌海龜自埋的實例，也無法解釋。還有人猜測，海龜埋自己是為了取暖，然而，在海龜自埋的27公尺水深處，測定的水溫高於21^0C，不存在海水寒冷的問題。究竟是什麼原因使海龜要自埋一段時間呢？目前科學家們正在努力尋找這一奇異現象的答案。

知識點睛

海龜小檔案

中文名：海龜

英文名：turtle

海龜是海洋龜類的總稱，是現今海洋世界中軀體最大的爬行動物。在這些海龜中個體最大的要算是棱皮龜了，它最大體長可達2.5公尺，體重約1000公斤，堪稱海龜之王。

海龜的祖先遠在2億多年以前就出現在地球上，後來雖歷經變遷卻頑強地生存了下來。在中國海域中有記錄的海龜有棱皮龜、海龜、蠵龜、玳瑁和麗龜等5種，這些都是國家級保護動物。

眼界大開

奇異的雙頭海龜——曾經有一隻罕見的24公分長的雙頭海龜在曼谷的泰國政府漁業部被展出，這隻海龜屬於有半堅硬殼的兩棲類爬行動物。

09 毒蛇為何朝聖

在希臘的西法羅尼亞島上，每年的8月6日到15日，都有成百上千的毒蛇從懸崖峭壁和山林洞穴中紛紛湧出，向坐落在島上的兩座教堂爬去，到達教堂之後，牠們就盤踞在教堂的聖像下面，大約10天左右才紛紛離開。而這期間，恰逢希臘的兩個重要的宗教節日：8月6日是希臘人紀念上帝的日子，8月15日是紀念聖女的日子。

奇怪的是，在這期間這些毒蛇從不傷人。更令人迷惑的是，這些毒蛇的頭上，都有一個類似十字架形狀的記號，而且這一奇異景觀已存在120多年了。

關於毒蛇朝聖盛景，人們眾說紛紜。在當地還有一個美麗的傳說，傳說許多年以前，一群海盜洗劫了西法羅尼亞島，並把島上的24名修女捉去，圖謀不軌，天上的聖母得知這一情況後，為使這些純潔的修女免受玷污，就使用神術把這些修女變成了毒蛇，進而擺脫了海盜的魔爪。這些變成毒蛇的修女們為了報答聖母的恩情，於是約定每逢8月6日到15日，便到教堂朝拜感恩。

傳說固然美麗，但終究不能解除人們對這一奇觀的迷惑。有人甚至對這一奇觀本身產生了懷疑。不過，隨著傳播媒介的日益現代化，越來越多的人知道了這個小島上有毒蛇朝聖的奇觀，很多旅遊者就慕名湧向西法羅尼亞島，希望親眼目睹毒蛇朝聖的奇蹟。

到了這個小島後，人們真切地看到，島上的居民確實與毒蛇和平相處，有些人甚至認為毒蛇有祛邪治病的神力，而有意觸摸它們，或將其纏繞在身上，毒蛇也任憑人們逗引，溫順異常，從不傷人。

提起毒蛇，人們往往談蛇色變，更不要說去和它們親近了。而西法羅尼亞島上的毒蛇，卻讓人們對毒蛇有了新的認識。不過這裡的毒蛇畢竟是個特例，如果你真的在其他地方遇到了毒蛇，要千萬小心喲！

知識點睛

在希臘的北斯波拉提群島上，有一種叫「夫加」的吐絲蛇。在這種蛇的頭部有一個鼓起的囊包，這種蛇能不斷地射出一種潔白的半透明液汁，這種汁液遇到空氣就會立即乾涸成絲。因為這種蛇吐出的汁液能像蜘蛛結網那樣織成六角形的網，所以當地漁民就把這種網割下來，然後在網的兩邊稍做加工，再穿條拉網繩，一張蛇絲漁網就做成了。

眼界大開

在中美洲的洪都拉斯北部一名農夫曾咬死一條攻擊他的毒蛇，當時這名農夫正走向自家的耕地走去，忽然一條有劇毒的毒蛇從草叢中竄出來，咬了他的右腳。他馬上抓住這條毒蛇，不斷地咬這條蛇，直至牠死亡。這名農夫隨後用自己的砍刀砍下了蛇頭。後來經過治療，這名農夫脫險。

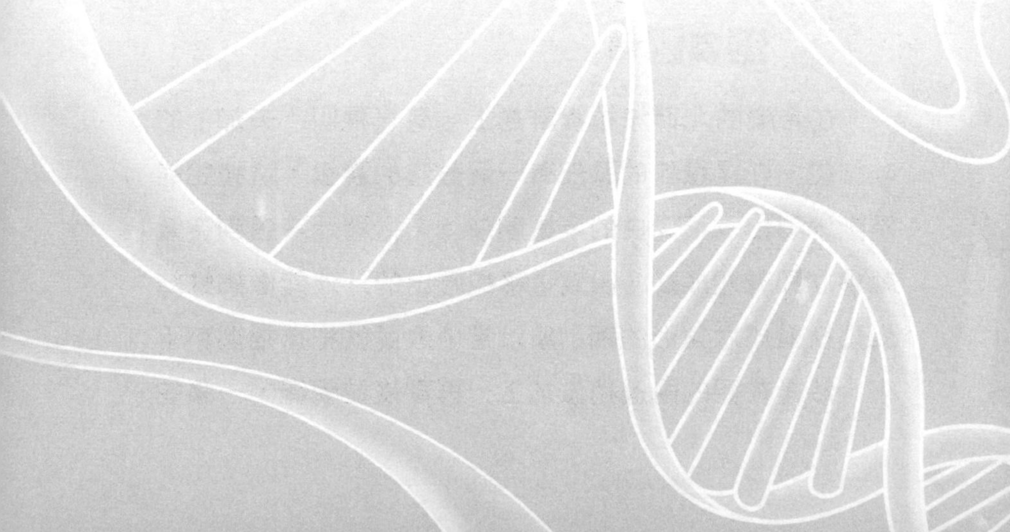

10 鯨魚歌唱

新學期又開始了，今天是這個學期的第一堂生物課，同學們都很興奮，不知道王老師今天又會帶給他們什麼樣的驚喜。以往的生物課，王老師總能讓同學們充滿好奇與興奮。

上課鈴聲終於響了，等同學們都坐好之後，王老師突然說：「我先問大家一個問題：鯨魚能唱歌嗎？」

同學們交頭接耳，竊竊私語，有的說能，有的說不能。很顯然都是在猜測，最後大家慢慢靜了下來，都看著王老師在黑板上寫下一個大大的「能」字，然後用老師接著告訴同學們，美國動物學家羅傑・佩恩夫婦經過12年的研究，用儀器記錄下大量鯨魚在水中的叫聲，然後電子電腦加以比較分析，結果發現鯨魚確實能唱出美妙動聽的歌曲，這種歌曲一般長6分鐘到30分鐘，如果將其加快14倍的速度，聲音就像婉轉的鳥鳴。

王老師停了一會兒接著往下講：「眾所周知，鯨魚是沒有聲帶的，牠的發聲原理是什麼呢？」

同學們都想不出答案，所以都搖搖頭，還是看著王老師。接著老師告訴大家，其實科學家們也對這種奇特的現象而百思不得其解，在已經研究的成果中發現，鯨魚無論在海裡單獨游或成群地遊，唱的都是同樣的歌，但節奏有所不同，科學家們將鯨魚歷年唱的歌加以比較後發現同一年內所有的鯨魚都唱同樣的歌，但不是齊唱，第二年又都換唱新歌，這些歌逐年演變，相近兩年的歌相似處多些，相隔年代久的則變化很大。

十分神奇的是，即使是原理上相隔很遠的鯨魚，如大西洋百慕大群島的鯨魚和太平洋夏威夷群島的鯨魚，所唱的歌初聽起來是兩樣，但經過認真分析，歌聲的結構和變化規律都是相同的。這又該怎樣解釋呢？

為了弄清楚這個問題，科學家們曾對座頭鯨跟蹤觀察了6個月，作了大量的水下錄音和攝影，發現鯨每年洄游之後返回原地時，先是唱去年的歌，然後才逐漸變化，只是在繁殖期間的歌曲沒有變化。

這說明，鯨的智力能記憶一首歌中所有複雜的聲音和順序，並儲存這些記憶達半年之久，然後再加上新的變化。講完這些，王老師鄭重地說：「同學們，生物世界是神奇而美妙的，有許多的謎還要靠你們去解開。將來有一天，你們中間的一些人就將揭開鯨魚唱歌的祕密。」

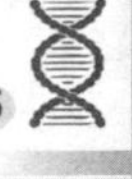

知識點睛

1977年夏季，美國向銀河系發射了探索其他星系的太空船，裡面裝有一張能保存10億年的唱片，唱片裡除了有古典和現代音樂，以及聯合國成員國的55種語言的問候語外，還特意錄製了一段鯨魚的歌聲，希望在茫茫的宇宙中，能找到會識別這神祕歌聲的知音。

眼界大開

許多人都說蚯蚓會唱歌，後來人們發現蚯蚓習慣於在地下鑽來鑽去，於是就留下很多的小隧道。而螻蛄卻常常借住在蚯蚓的隧道裡振翅而鳴。所以人們就「張冠李戴」，送給蚯蚓一個「歌唱家」的美名。

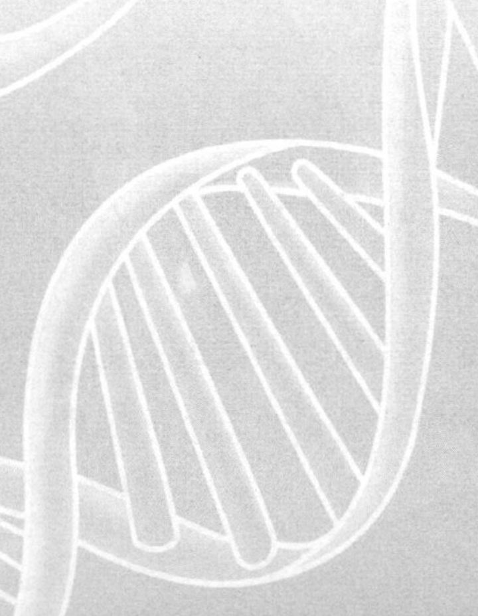

11 神祕的大象墓地

自古以來就有一種傳說：年老的大象在預知自己將要死去的時候，就會主動離開象群，獨自跑到密林深處一個神祕的處所，靜靜地等待著死亡。可以想像一下，如果這個傳說是真的的話，那麼在密林深處的大象墓地裡，肯定遺存下了許多象牙象骨。因為象牙是用來製造高級工藝品的珍貴原料，售價昂貴，所以，在偷獵大象成風的非洲，許多人幻想著，按照這個傳說，終有一天能夠找到大象的墓地，發一筆意外之財。

這不，前蘇聯探險家布加萊夫斯基兄弟，就追尋這個傳說，前往非洲的肯雅尋覓象牙。一天，牠們在一座高高的山頂上，望見了對面山上有無數白森森的動物屍骨。正當他們感到奇怪的時候，一頭大象走進了他們的視野。只見這隻大象搖搖晃晃地走到屍骨旁邊，無力地哀叫了一聲，然後就倒地不起了。

兄弟兩人非常高興，他們斷定那裡就是大象的墓地。於是兄弟倆立刻奔向那個他們夢寐以求的地方，但是他

們在中途遭到了野獸的襲擊，接著又被深不可測的沼澤地攔住了去路，只好無功而返，但他們仍然堅信那就是大象的墓地。

是否存在大象的墓地，還是個懸案，但大象臨死之前行動確實反常，往往要離開象群，步履艱難地在某個地方銷聲匿跡。即使人們在動物保護區內可以偶爾看到大象的屍體，但與大象自然死亡的數量相比，是微乎其微的。其餘死亡大象的屍骨哪裡去了呢？

知識點睛

非洲象中有陸地上最大的動物，最大的非洲象，其肩高的紀錄為3.96公尺，體重的紀錄為11.75噸，牙長的紀錄為3.5公尺，107公斤。相比之下，亞洲象要小得多。

眼界大開

大象一直被認為是智商較高的動物。2005年2月19日，在泰國清邁府的一個大象園中，8隻大象在2.4公尺高，6公尺長的帆布上創作了一幅丙烯畫，這幅畫最後以3.95萬美元的價格售出，打破了大象繪畫出售的金氏世界紀錄。

12 動物也會做夢

動物能否做夢呢？有一位動物學家正在非洲跟蹤考察長頸鹿的生活。這天，他發現一隻長頸鹿正在「呼呼」大睡，於是他就在一旁觀察。突然，動物學家發現這隻正在睡覺的長頸鹿一下子高高跳起，臉上露出驚恐的表情。

這位動物學家對這種不可思議的行為感到十分驚訝。起初他還以為是周圍有什麼東西驚動了牠，但是經過四處查看後，他發現，周圍的一切都很平靜。同行的科學家們對這一現象都感到迷惑不解。後來經過反覆分析才想到，原來，這隻長頸鹿白天曾經受到過獅子的襲擊，差一點喪命獅爪。因此他們大膽地做了個推測，這隻長頸鹿是「日有所思，夜有所夢」，做了一個和獅子有關的噩夢。

動物為什麼能做夢呢？科學家們透過科學儀器檢測得知，原來，動物在睡眠時，大腦也能像人腦那樣發出電波，也會做夢。而且有的動物做夢多一些，時間長一些；有的則夢少一些，時間短些。例如，松鼠、蝙蝠經常做夢而鳥類則夢較少，爬行動物幾乎不做夢。科學家認為，這可能與牠們必須隨時對天敵保持警覺，以便能夠及時逃脫有關。至於究竟是什麼原因，還有待於進一步證實。

知識點睛

美國科學家曾對猴子進行了這樣的實驗：他們在一隻猴子面前放了一個螢幕，螢幕上反覆出現同一個畫面；每當螢幕上映出這畫面時，科研人員就強迫猴子推動身邊的杠杆。如果猴子不推，科研人員就用電棍擊牠。過了一些日子，猴子形成了一種條件反射：每當牠看見那畫面，牠就主動去推杠杆。後來，科學家發現，猴子在睡眠中也不時去推那杠杆。這表示猴子在睡夢中「看見」那幅畫面。

眼界大開

科學家們曾做過一些阻斷人做夢的實驗。結果發現，時間一長，就會導致人體一系列生理異常，例如血壓、脈搏、體溫以及皮膚的電反應能力均有增高的趨勢，自主神經系統機能有所減弱，同時還會引起人的一系列不良心理反應，如出現焦慮不安、緊張、易怒、感知幻覺、記憶障礙、定向障礙等。顯而易見，正常的夢境活動，是保證機體正常活力的重要因素之一。

13 人類的好朋友海豚

1898年，紐西蘭北島和南島間的庫克海峽裡，出現了一條海豚，這條海豚生性活潑，更奇怪的是牠一見輪船駛來，就在船前歡躍地跳動。海員們知道，在海豚跳躍的地方，水一定很深，不會觸礁。所以輪船就在海豚的指引下順利地渡過了海峽。從那以後，這條海豚在別洛魯斯海灣迎送著往來的船隻，每次都很負責地把輪船引進港內。

海員們都非常喜愛這隻海豚，也都很感激牠。他們還把這條海豚命名為「別洛魯斯・傑克」。

由於這隻海豚的特殊貢獻，1909年9月26日，紐西蘭政府特地頒佈了保護海豚傑克的法令：嚴禁傷害在庫克海峽護送船隻的灰海豚。人們第一次見到牠時，牠長約4公尺，隨著年齡的增長，傑克的灰色愈來愈淺，個頭也大了。24年來，牠始終做著義務「領航員」。

1912年4月22日，這條海豚不幸被挪威捕鯨船殺死了。人們得知這個消息後傷心極了，決心找到傑克的屍體，終於有人在水底岩石縫裡找到了它的屍體。為了表彰牠的功勳，人們特地為牠舉行了一個隆重的葬禮，而且在惠靈頓市還為牠建造了一座紀念碑。

知識點睛

海豚分喙吻海豚與鈍吻海豚兩大類，喙吻海豚通常有喙狀吻部，而且身體比粗壯的鈍吻海豚細長。喙吻海豚大多長250公分，而鈍吻海豚則很少超過2公尺。此外，海豚很喜歡親近人類。

眼界大開

20世紀初，茅利塔尼亞瀕臨大西洋的地方有一個漁村艾爾瑪哈拉，這個村子裡的人們生活很貧困，生活在大西洋上的海豚似乎知道人們在受饑饉煎熬之苦，常常從公海上把大量的魚群趕進港灣，協助漁民撒網捕魚。

14 放牧者若拉

20世紀80年代，在蘇聯的一個村莊，有一隻鶴，名叫「若拉」。這可不是一隻普通的鶴。說牠不普通，是因為牠能幫助人們牧羊。相信人們都聽說過犬牧羊，卻沒聽說過鶴也能牧羊吧？可是若拉卻能，牠每天從早到晚一刻也不離開自己放牧的羊群，要是有一隻羊跑遠了，「若拉」立即就會張開雙翅撲過去，使這隻羊乖乖地回到羊群。

其實若拉來到這個村莊也是一次偶然。

有一年春天，切霍維奇在一塊草地上發現了一隻鶴，當時牠躺在草地上，翅膀受了傷。切霍維奇想救治這隻鶴，於是就把鶴帶回家，給牠熬藥治傷，並同孩子們一起仔細地照料牠，並給牠取了個好聽的名字——若拉。

孩子們都很喜歡若拉，每當去放牧時，常常把若拉帶去，孩子們或許由於好玩，就指揮若拉去趕回跑散的羊群，若拉很聰明，很快學會了這一切。

很快秋天到了，鶴群飛經這個村子上空。若拉一衝而起，向鶴群飛去。但在空中盤旋了3圈以後，又回到地面。牠沒有跟鶴群走。冬天，牠就同切霍維奇的家禽棲居在一起，同家禽友好相處。第二年春天，鶴群再次飛過村莊上空，可是若拉再也不想回到鶴群中去了。牠與這一家人建立起了深厚的感情，每天早晨飛到草地羊群中，執行自己的放牧任務。

當地人也都很喜歡牠，親切地叫牠「放牧者若拉」。這隻鶴為什麼甘願告別鶴群而選擇在村子裡幫助人放牧呢？至今沒有人能準確的回答。

知識點睛

鶴是一種少見的長壽飛禽，牠一般能活60年以上。因為牠身姿秀麗，舉止優雅，所以多為畫家所矚目，詩人所讚頌。仙鶴通常都是雌雄成對的，一對仙鶴一旦在一起就絕不輕易分離。如果一方死亡，另一方將終生不配，而且時常哀鳴，聲調淒慘。

眼界大開

人類根據鶴的動作創立了鶴拳，後來牠成為南少林武術的一大流派，可分為飛鶴、鳴鶴、宿鶴、食鶴、縱鶴等五大類。

15 科摩多島的巨龍

傳說中，在印尼的科摩多島上有一種神奇的「巨龍」。這種龍力大無窮，尾巴一擺能將一頭牛擊倒；而且牠的胃口很大，能將一頭100多斤的野豬一口吞下。最讓人奇怪的是牠的口中能夠噴火。

1912年，一位荷蘭飛行員因飛機故障，最後只好將飛機降落在科摩多島。他在島上見到了那種傳說中的動物。返回駐地後他寫了一份關於發現一種怪獸的報告。

他的這份報告激起了許多人的興趣。後來就有一位名叫安尼尤甯的荷蘭軍官登上了科摩多島，在島上，他打死了兩頭怪獸，並將這兩頭怪獸的獸皮運到了爪哇。其中一張獸皮長達3公尺。科學家們對其進行鑑定後，確定是一種巨型蜥蜴的皮，於是，他們為這種巨型蜥蜴取名為「科摩多龍」。

湊巧的是，第一次世界大戰結束不久，古生物學家就在澳洲發現了科摩多龍的化石，經測定，他們發現這是6000萬年前的史前生物。同時，地質學家又發現，科摩多島形成時間不到100年，它是一座由海底火山噴發形成的海島。這兩個發現使人們徹底掉進了迷惑的漩渦：澳洲的這種龍早在科摩多島誕生之前就已經滅絕，那科摩多島上的巨蜥又來自何處？牠們幾千萬年以來是如何生存的？這在當時成了不解之謎。

1962年，蘇聯學者馬賴埃夫率領的探險隊為了解開科摩多龍之謎，在科摩多島實地考察了幾個月。根據後來發表的考察報告可能看出，科摩多龍體長可達3公尺，牠們長著令人恐怖的巨頭，2個灼灼逼人的大眼，頸上垂著厚厚的皮膚皺褶，四肢粗壯，尾巴很大，嘴裡長著26顆長達4公分的利齒。

從遠處看，牠們口中像是在不停噴火，但走近細看，那口中噴出的「火」原來是牠們的舌頭，因為牠們的舌頭顏色鮮紅，裂成長長的兩片，經常吐出口外，猛一看，確實像火焰。科摩多龍以獵取海島上的野鹿、鳥、蛇、猴子、老鼠和昆蟲為生。由於牠們會游泳，所以也會到海邊捕食一些海洋生物。

但是現在對於科摩多龍仍有不少未解之謎。例如，人們走遍整個海島，只看見活的科摩多龍，卻是無論如何也找不到它們的屍體，甚至連一根骨頭都找不到。

另外，科摩多龍的祖先是在澳洲發現的，牠們是如何來到科摩多島的呢？這些謎仍然有待於那些有興趣的科學家去探索研究。

知識點睛

蜥蜴原產於熱帶和亞熱帶，所以喜熱怕冷，需要經常曬太陽，也需要經常洗澡和飲水。牠一般生活於平原、山地、樹上或水中，需要溫度較高的環境。因為適當的溫度變化可以刺激牠的消化和對營養的吸收，增強牠的免疫能力，抵抗感染。

蜥蜴們大多數以昆蟲作為主要食物，也有一些蜥蜴喜歡吃其他各種肉類，像石龍子等品種，還有的喜愛吃蔬菜、南瓜和水果等植物飼料。

眼界大開

中國古代傳說中的龍，最初是指某些罕見的爬行動物，後來這些爬行動物逐漸被神化了，還被別人賦予很多不同的傳說。

後來的藝術家，則根據這些傳說以及不同種類的爬行動物的特點，加以藝術創造。這才有了今天騰雲駕霧、雄姿英發的龍。

※為保障您的權益，每一項資料請務必確實填寫，謝謝！

姓名		性別	□男　□女
生日	年　月　日	年齡	
住宅地址	郵遞區號□□□		
行動電話		E-mail	

學歷

□國小　□國中　□高中、高職　□專科、大學以上　□其他＿＿＿＿

職業

□學生　□軍　□公　□教　□工　□商　□金融業

□資訊業　□服務業　□傳播業　□出版業　□自由業　□其他＿＿＿＿

謝謝您購買＿有關生物的那些事＿與我們一起分享讀完本書後的心得。務必留下您的基本資料及電子信箱，使用我們準備的免郵回函寄回，我們每月將抽出一百名回函讀者，寄出精美禮物以及享有生日當月購書優惠！想知道更多更即時的消息，歡迎加入"永續圖書粉絲團"

您也可以使用以下傳真電話或是掃描圖檔寄回本公司電子信箱，謝謝！

傳真電話：（02）8647-3660　　電子信箱：yungjiuh@ms45.hinet.net

●請針對下列各項目為本書打分數，由高至低5～1分。

	5	4	3	2	1		5	4	3	2	1
1.內容題材	□	□	□	□	□	2.編排設計	□	□	□	□	□
3.封面設計	□	□	□	□	□	4.文字品質	□	□	□	□	□
5.圖片品質	□	□	□	□	□	6.裝訂印刷	□	□	□	□	□

●您購買此書的地點及店名＿＿＿＿＿＿＿＿

●您為何會購買本書？

□被文案吸引　□喜歡封面設計　□親友推薦　□喜歡作者

□網站介紹　□其他＿＿＿＿＿＿＿＿

●您認為什麼因素會影響您購買書籍的慾望？

□價格，並且合理定價是＿＿＿＿＿＿　□內容文字有足夠吸引力

□作者的知名度　□是否為暢銷書籍　□封面設計、插、漫畫

●請寫下您對編輯部的期望及建議：

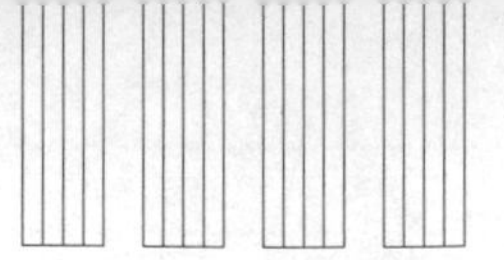

221-03

新北市汐止區大同路三段194號9樓之1

廣　告　回　信
基隆郵局登記證
基隆廣字第200132號

傳真電話：（02）8647-3660

E-mail：yungjiuh@ms45.hinet.net

培育

文化事業有限公司

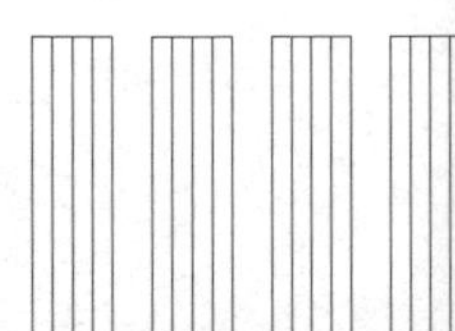

讀者專用回函

有關生物的那些事

培養文化育智心靈的好選擇